물성 물리학의 세계

파동, 입자의 딜레마에서 극저온의 수수께끼까지

다데 무네유키 지음

김태옥 옮김

전파과학사

머리말

이 책을 읽은 독자는 물질이란 '한 조각의 조그마한 닫힌 세계'가 아니고 '끝없이 열린 정묘(精妙)한 우주'라는 인상을 강하게 받으리라고 생각한다. 만일 우주가 마이크로(Micro, 극미)의 모습으로 변신하여 이 새로운 세계의 한구석에 내려섰다면, 본 적이 없는 그 메커니즘의 불가사의함과 정교함과 치밀함에 크게 감동하여, 원래의 삶에 돌아와서 그 체험을 어떻게 이야기할까 하고 당혹할 것이다. 이 공간에 감도는 아름다운 조화는 처음으로 이 세계의 비밀을 알게 된 사람의 마음에 깊은 여운을 몰아온다.

물론 독자는 지금부터 페이지를 펼쳐 나가며 이 세계로 직접 들어가게 될 것인데, 그 안내자가 바로 표제의 물성 물리학(物性物理學)이다. 물성 물리학이라는 말은 아직 귀에 낯설지 모르나 이것은 소립자론(素粒子論), 원자핵 물리학(原子核物理學)과 견주어지는 현대 물리학의 하나의 큰 흐름이다.

물성(物性)이란 글자 그대로 '물질의 성질'이므로 "왜 더운물은 식어 버리지?", "못은 자석에 달라붙는데, 왜 유리는 붙지 않지?"라는 어린이들의 의문에도 물성론(物性論)이 대답하여 준다. 물론 그 밖에도 여러 가지 현대적 문제를 안고 있다. 이것은 앞으로 읽어 나갈 즐거움으로 삼고, 물성 물리학의 성과가 우리의 일상생활과 깊은 인연이 있다는 것을 언급해 두어야 하겠다.

트랜지스터, 페라이트 등의 이름은 이미 귀에 익었을 것이다.

4

물성 물리학이 개발한 이들 고도의 재료를 이용해 송신, 수신에 쓰이고 있는 TV나 라디오의 편리함은 새삼스럽게 말할 필요도 없다. 이 밖에 자동차나 비행기의 금속 재료라든지 레이저, 메이저도 물성론의 영역에 속한다.

물성 물리학의 근원은 멀리 그리스 시대까지도 거슬러 올라갈 수 있으나, 금세기 초 이것에 양자역학(量子力學)의 생각이 도입되었을 때 물질에 대한 인간의 사고방식이 완전히 바뀌어 버렸다. 우리가 일상적으로 눈이나 손발 등의 한정된 지각 능력으로 느끼는 물질에 대한 인식은 10^{-8} ㎝(1A)의 마이크로 세계를 지배하는 양자역학으로써 완전무결하게 설명할 수 있음을 알았다. 물질의 인식은 이 극미 세계에서의 현상이 쌓여서 이루어진다고 물리학자는 확신하고 있다.

그러나 독자가 주의 깊게 이 책을 읽어 나가면, 근대적인 물질관이라는 것에 매우 인간적인 점이 많음을 틀림없이 느낄 것이다. 사실은 이것이 현대 물리학의 특질의 하나인 것이다. 뉴턴 이래의 '고전'이라고 불리는 옛날의 물리학에는 이른바 "신이 바로 나(자기)"라는 생각이 있었다. 예를 들면, "원리적으로는 아무리 작은 물질이라도, 아무리 작은 변화라도 이해할 수 있다"라는 태도였다.

그러나 바야흐로 우리는 인간이 무한한 정밀도로 자연을 측정할 수 있다고 한 전능의 입장을 버리고 있다. 이것은 코페르니쿠스의 태양중심설(지동설)이 어리석은 인간중심설을 버리게 하고, 보다 넓은 자연의 진실을 향한 길을 가리켜 준 것과 매우 비슷하다. 인간의 한정된 능력을 인식하고, 이로써 보다 넓은 자연의 비밀을 알아내는 시대가 된 것이다. 물리학이 말하

자면 현대성 같은 이러한 성격을 지니기 시작한 것은 주목해야
할 일이라고 나는 생각한다.

흥미롭게도 이 한정된 '인간의 자유도'의 의식은 정서적, 실
천적 행위의 산물인 예술의 출발점도 되고 있다는 것이다. 베
르그송도 "자유가 속박되고, 행동이 정지됨에 따라서 의식이
발생하고 정서가 태어나며, 그것이 예술 등의 탄생으로 이어진
다"고 말하였다.

이 책은 물론 철학서는 아니다. 의심할 여지가 없는 사실만
을 기술한 자연과학의 해설서이다. 그러나 그 파랗게 번쩍이는
예리한 칼날 같은 도전의 이면에도 미래의 통합적 인간의 슬기
로움으로 이어지는 완만한 정서의 흐름이 존재한다는 것을 느
껴 줄 독자가 있다면, 이것은 필자의 뜻밖의 즐거움이 아닐 수
없다.

이 책을 냄에 있어서 익숙하지 못한 필자에게 많은 조언과
편의를 주신 고단샤(講談社)의 스에타케 신이치로(末武親一郎) 씨
에게 감사를 드린다. 그의 조언이 없었다면 이 책이 볕을 볼
수 없었을 것이다.

차례

1. 기묘한 전자

홍길동 같은 일렉트론

1000만 시민이 흥청거리는 서울 거리에 모월 모일, 다음과 같은 지명수배 긴급 벽보가 나붙었다. 외곽 지대 어느 동네에서 흉악한 일을 크게 저지른 정체불명의 범인, 다만 그 이름만 전자(電子)라고 알려진 자가('子' 자가 붙었으므로 여자일지도 모른다) 시내의 복잡한 도심지로 잠입했을 기미가 있으니, 경찰은 즉시 체포하고 시민께서는 적극적으로 협력해 주시기 바란다는 것이다. 시내 전역에는 물샐틈없이 비상경계망이 펼쳐졌고, 곳곳에 임시 검문검색소가 설치되고, 거리와 요소요소의 길목에는 민완 수사관과 순찰대가 배치되어 철통같은 봉쇄가 이루어졌다. 시민들 사이에서는 과연 그가 누구이며, 어디서 잡힐 것이며, 그 정체가 무엇인지 큰 관심거리가 되었다.

수사본부가 설치된 시 경찰청에는 속속 보고와 정보가 연달아 들어왔다. 그런데 이것은 모두 "정말 아리송해!"였다. "16시 30분, 남대문 앞 임시검문소에서 그 여자를 확인했습니다만, 도망치고 말았습니다"라는 보고와 함께 바로 같은 시각에 "그 여자가 한강 다리를 건너고 있습니다"라는 제보가 있는가 하면, "충무로에서 그 여자를 보았다"는 제보도 있고, 어리둥절한 경찰에 이번에는

"여기는 마포서. 수배된 여자를 체포했습니다. 체포 전후의 사정을 본인이 자백했습니다. 전자임이 틀림없습니다. 그러나 주름투성이의 노인입니다. 하지만 분명히 전자임이 틀림없습니다"

라고 연달아 보고가 들어왔다.

"큰일 났습니다. 우리는 그 여자를 본서 구치실에 수용하였고 조

금도 실수가 없었습니다. 그런데 잠시 후에 보니까 구치실을 빠져나가 본서 맞은편 길을 거닐고 있었습니다. 그리고 눈을 의심하는 사이에 소관들 앞에서 슬쩍 사라져 버렸습니다. 그런데 한강변 사람들 이야기로는 그자가 한강을 건너 서쪽으로 사라졌다고 합니다. 아니, 도대체 이놈이 누구입니까?"

처음부터 무슨 이따위 실없는 소리냐고 독자는 생각할 것이다. 그러나 전자에는 이런 이야기처럼 상식을 벗어난 기묘한 점이 있는 것이 거짓말 같은 사실이다. 전자는 여러 곳에서 동시에 나타날 수도 있다. 아무리 찾아보아도 구멍 하나 없는 밀실을 감쪽같이 빠져나간다. 어떤 때는 입자로서의, 어떤 때는 파동으로서의 전혀 다른 두 얼굴을 가지고 있다. 만일 이런 전자가 사람만큼만 크고, 여느 사람들처럼 행동한다면 수사관들이 절대로 체포할 수 없을 것이다.

이 일견 기묘한 전자를 올바르게 관찰하는 것에서부터 우리의 근대 물성론은 이야기의 실마리를 풀어 나간다. 왜냐하면 전자야말로 물성 물리학의 주역이기 때문이다.

물질은 '마이크로'한 원자로서 이루어져 있다. 그러나 이 원자가 무수히 결합하여 우리의 눈에 보이는 '매크로'한 세계를 구축하게 하는 것은 발랄한 활동력을 가진 전자이므로, 우리를 둘러싸고 있는 물질의 수수께끼 같은 다양한 변화도 전자의 변화무쌍한 활동에서 그 원인을 찾을 수 있다.

진공의 어둠 속을 달리는 것

일렉트로닉스 시대나 컴퓨터 시대라는 등의 말은 전자라는 것이 이미 우리와는 매우 친근함을 말해 준다. 그러나 전자, 즉

16

전기의 단위가 확인되기까지의 역사는 결코 단순한 것이 아니었다.

1837년 영국의 패러데이가 실험적으로, 그리고 1873년에는 같은 영국의 맥스웰이 이론적으로 전자기현상(電磁氣現象)을 처음으로 통일적으로 파악하였을 때만 해도 사실 인류는 아직 전자의 존재를 알지 못했다. 패러데이와 맥스웰도 다음과 같은 입장을 취하고 있다. 전기를 옮기는 것의 정체는 알지 못한다. 그러나 무엇인가 전기를 가진 것이 있다면, 전자기적인 자연현상은 전부 통일적으로 설명할 수 있다는 것이다.

아무리 하여도 정체를 파악할 수 없다면 우선 그 본질은 일단 묻지 않기로 하고 덮어 둔 채 여러 가지 현상을 통일적으로 논하는 입장을 현상론(現象論)이라고 하는데, 빛나는 성공을 거둔 패러데이-맥스웰의 전자기학(電磁氣學)은 이 현상론의 대표적인 것이다. 그리고 오늘날 이 이론을 고전 전자기학이라고 부른다. 설사 전자에 대한 지식이 없더라도 이 이론이 있으면, 이를테면 남산타워로부터 발사되는 TV 전파가 어떻게 공간에 전파되느냐는 등의 원리는 극히 정확하게 구할 수 있다.

"그러나……" 하고 이의를 말한 물리학자가 있다. 같은 영국의 크룩스와 톰슨이다.

"현상론은 과연 아주 효과적인 것이다. 그러나 전기의 정체를 알지 못한대서야 아직 학문적으로는 완성됐다고 말할 수는 없을 것이다."

이것에 대하여는 논의의 여지가 없다. 그리고 그들이 착안한 현상이 패러데이가 연구하려던 진공방전(眞空妨電)이었다. 진공이라고 하지만 극히 소량의 기체가 남아 있는 유리관 양단에 금속 조각을 부착하고, 이것에 전압을 걸어 주면 아름다운 빛

전류의 방향

진공유리관

?

⊕ ⊖

마이너스의 알갱이가 날아간다

〈그림 1-1〉 크룩스와 톰슨의 실험

을 내면서 방전이 일어난다. 이때 회로에 전류계를 끼워 넣어
보면 그 바늘이 흔들리는 것을 볼 수 있다. 즉 전류가 흐르고
있는 것이다. 다시 말하면 진공을 통하여 전기가 흐르고 있다
는 것이 된다.

전기가 금속 속을 전기가 흐르는 현상에 대하여서도 금속의
정체도 모르고, 전기의 정체도 모른다. 그렇다면 아무것도 없는
진공 속의 전류를 조사하는 것이 전기의 정체를 아는 지름길이
아닐까? 이렇게 생각한 크룩스는 진공방전을 사용하여 진공 속
의 전류를 여러 가지로 조사하기 시작했다. 그 결과 도달한 결
론은 전류란 마이너스의 전하를 가지고 음극으로부터 양극으로
날아가는 극히 작은 전기 입자의 흐름이라는 것이었다. 이것은
큰 발견이다. 그러나 그는 이것으로부터 단번에 다음과 같은
생각에 사로잡혔다. 즉 이 전기 입자는 물질의 통상적인 세 가

지 상태, 즉 기체, 액체, 고체에 버금가는 제4의 상태라고 한 것이다.

약간 뒤늦게 진공방전의 연구를 시작한 톰슨은 이 비약적인 생각을 하나하나 정확한 실증에 의하여 확인해 나갔다. 그는 음극으로부터 튀어나오는 전기 입자에 다시 전기장(電氣場)이나 자기장(磁氣場)을 걸고, 이것에 의한 입자의 흐름의 변화를 찾았다. 그 결과 나중에 밀리컨에 의하여 정확히 측정된 전하(-e)와 질량(m)을 갖는 입자, 즉 전자의 존재를 정확하게 포착하였던 것이다(그림 1-1).

이윽고 많은 사람들에 의하여 전자는 자외선을 쬐인 금속으로부터, 또는 가열된 금속면으로부터도 튀어나온다는 것, 그리고 방사능 물질로부터 나오는 베타(β)선이라는 형태로서도 나타난다는 것을 알게 되었다. 그리고 전자에 대응하는 플러스의 전기 입자, 현재 이른바 전리(電離) 이온의 존재도 진공방전 속에서 발견되었다. 19세기 후반, 20세기로 접어들기 직전이었다. 패러데이와 맥스웰이 해결하지 못하고 남겨 두었던 미지의 전기의 정체, 이것이 드디어 백일하에 그 모습을 드러낸 것이다.

이 사실을 풍차의 나라 네덜란드로부터 지켜보고 있는 사람이 있었다. 레이던대학의 로런츠이다. 그는 원자, 분자 그리고 물질 전체 속에 전자가 존재한다면 이 사실에 따라서 패러데이-맥스웰의 고전 전자기학은 어떻게 유도되는가 하는, 현상론으로부터 본질론으로의 길을 찾았던 것이다.

누구도 이것을 부정할 수는 없다
고전 전자기학은 우리의 경험 세계, 즉 '매크로'한 세계에 있

<그림 1-2> 패러데이와 로런츠의 관점의 차이

어서의 전자기현상을 다루었다. 한편 전자라는 단위는 '마이크로'한 세계, 즉 우리의 눈으로 직접 볼 수 없는 엄청나게 작은 세계에서 비로소 인식될 수 있는 것이다. 그러나 이것이 전기의 근원이라면, 마이크로한 세계에서의 전자의 존재로부터 이야기를 시작하여 전자기학을 만든다. 이것이 매크로한 규모의 현상을 고전 전자기학과 마찬가지로 잘 설명할 수 있으면 된다는 것이 로런츠의 생각이었다.

이 생각을 발전시키면 다음과 같이 말할 수 있다. 일반적으로 원자나 분자가 진공방전에 의하여 전자를 방출한다는 것은 원자, 분자 가운데에 어떤 형태로서 속박된 전자가 들어 있는 것임이 틀림없다. 그리고 1896년 로런츠는 그의 제자인 제이만이 발견한 제이만 효과에 전자를 이용하여 처음으로 이론을 부여하였다. 즉 자기장 속에 있는 원자가 내는 빛이 자기장의 영향에 의하여 변화한다는 제이만 효과는 원자 속에서 진동하고 있는 전자의 존재에 의한 것이라고 하였다.

또 전기가 금속 속을 흐른다는 것은 금속 속에는 자유롭게 움직일 수 있는 전자가 있다는 것이다. 이렇게 하여 로런츠의 자유전자에 대한 생각이 등장한다. 매크로한 전류는 마이크로한 전자의 흐름이라고 보면 된다. 또 금속이 열을 잘 전달하는 것은 자유전자가 열을 신속하게 운반하는 것으로 보면 되는 것이다.

이러한 방법으로 매크로한 현상은 마이크로한 현상으로 증명되면서 하나씩 대응되어 갔다. 이렇게 하여 만들어진 것이 지금도 걸작이라고 일컬어지는 로런츠의 전자론(電子論)이다. 그러나 몇 가지 미스터리가 남았다. 예를 들면 전기저항이란 무엇인가 하는 등의 문제이다. 그렇지만 그의 이론이 나타난 것만으로도 그때까지의 물질관이 달라졌다고 하여도 된다. 우리의 일상 경험으로는 물질이란 밋밋하게 이어진 연속체이다. "그러나……" 하고 로런츠는 말한다.

"이 연속적인 물질, 예컨대 금속은 원자라는 무수한 입자의 집합체라는 것은 이미 알고 있다. 그러나 원자 자체 또는 그것의 집합체인 모든 물질이 다시 기본적인 입자인 전자를 포함하고 있고, 이 입자가 발랄하게 움직여 돌아다닌다는 것은 이미 누구도 부정할 수 없는 진실이다."

전자는 파동인가?

로런츠의 빛나는 성공은 물질 속에 있는 전자상(電子像)을 남김없이 부각시킨 것처럼 보였다. 그러나 이윽고 20년 정도의 세월이 흘렀을 때, 전자가 로런츠의 전자론에서와 같이 단순히 전하(-e), 질량(m)의 입자라고만 생각할 수 없다는 사실이 분명해졌다. 최초의 발견자는 미국의 벨 전화연구소의 데이비슨과 거머, 이어서 영국의 톰슨(그는 앞에서 나온 톰슨의 아들이다), 그리고 일본의 기쿠치 등이 발견자로 등장했다. 전자는 그 자체가 파동이기도 하다는 사실이 밝혀진 것이다. 이것은 지극히 중요한 발견이었다. 1923~1928년경이었다.

역사적으로 말하면 입자성과 파동성의 논란은 이 발견이 있기 전에 빛이라는 전자기파(電磁氣波)에 대하여 떠들썩하였지만, 양자역학의 등장에 의하여 이 논란은 꽤나 통합되어 가고 있었다. 다만 이것이 빛에서 끝나지 않고 전자에 대하여서도 말할 수 있는 일이며, 물질 전체에 대해 입자와 파동의 딜레마가 있다는 사실이 발견된 것이다.

어쨌든 여기서는 전자를 쫓아가 보자. 여기서 나타난 전자의 파동성은 로런츠의 빛나는 성공을 한순간 흐리게 할 만한 충격적인 사실이었다. 왜냐하면 로런츠는 분명히 전자는 입자라고 생각하여 이론을 세웠기 때문이다. 그것이 파동이라는 사실과 직면하게 되자 어떻게 정리하면 좋을지, 당시로서는 전혀 종잡을 수가 없었다.

처음에도 말한 바와 같이 전자는 기묘한 행동을 한다. 여기서 데이비슨 등이 얻은 결과를 모델화하여 간단히 말하면 다음과 같다.

칸막이가 하나 있다고 하자. 이것에 2개의 구멍을 뚫어 둔다. 만일 이 칸막이를 향하여 달려온 전자가 입자라면 이것은 2개의 구멍 중 어느 하나를 통하여 반대쪽으로 빠져나갈 것이다. 그런데 사실은 그렇지 않았다. 1개의 전자는 두 구멍을 동시에 빠져나갔다. 마치 분신을 만들어 빠져나간 것처럼 보인다.

이것은 본래 1개인 전자가 둘로 쪼개어져서 통과하는 것일까? 아니, 그렇지는 않다. 그 증거로 하나의 구멍이 있는 곳에서 전자를 포획하여 보면 확실히 1개의 전자가 포획된다. 그러나 두 구멍에서 동시에 같은 전자가 포획되는 일은 없다. 포획하려 하면 어디에선가 붙잡히지만, 붙잡지 않는다면 반드시 두 구멍을 동시에 나누어져서 통과하였다고밖에는 생각할 수 없다. 그 증거로 두 구멍을 동시에 통과했다는 것을 가리키는 특유의 간섭현상(干涉現象)이 전자가 파동임을 나타내고 있다. 붙잡아 보면 확실히 입자이고, 간섭현상을 보면 아무리 보아도 파동이다. 이렇기 때문에 수사관이 쩔쩔매게 되는 것은 당연하다.

더구나 전자는 밀실로부터 슬쩍 빠져나간다. 보통 이것을 터널효과라고 부르는데, 그렇다고 결코 벽에 구멍이 뚫어져 있는 것은 아니다. 그럼에도 마치 터널이 있어서 거기서부터 나오는 것처럼 구멍도 아무것도 없는 벽을 빠져나간다. 구체적인 설명은 약간 복잡하므로 생략하지만, 이 현상은 에사키 박사에 의하여 발견된 에사키 다이오드의 원리가 되어 있다. 어쨌든 여기에 이르러서는 전자는 벌써 로런츠의 모형으로부터 크게 벗어났다고밖에 말할 수 없다.

사실 이와 같은 것은 단지 전자에 한한 것이 아니다. 마이크로 세계에서는 빛이나 전자, 양성자, 또 이것들의 복합체인 원자, 분자 등 모든 인식 대상은 보기에 따라서 입자로도 보이고, 파동으로도 보인다. 이 두드러진 양면성에는 예외가 없다. "대체 어떻게 된 것이냐?" 이런 말이 입에서 튀어나오는 것은 수사관이 아니더라도 당연한 일이다.

그런데 여기에 나타난 '지킬 박사와 하이드'를 어떻게 하면 통일적 인격으로 만들 수 있을까? 말을 바꾸면 홍길동 같은 일렉트론(전자)의 비밀은 무엇인가? 이것에 답해 주는 것은 양자역학이다. 혁명아 플랑크가 처음으로 마이크로 세계에 메스를 들이댄 1900년 이래 20여 년에 걸친 격렬한 논쟁 후에 확립된 새로운 물질관(物質觀)이다.

입자란 무엇인가?

전자가 틀림없이 입자인 것에 대하여서는 여러 증거가 있다. 예를 들면 밀리컨의 실험이다. 우선 극히 작은 기름 안개를 만들어, 이것을 대전(帶電)시킨다(즉 전자를 덧붙이거나 또는 제거하여 전기를 띠게 한다). 그러면 기름방울의 전하는 어떤 e라는 값의 정수 배의 값밖에 가지지 못한다는 것이다. 이것은 전자의 전기량이 e를 단위로 한다고밖에 생각할 수 없다.

또 좀 더 직접적으로 보고 싶으면 윌슨의 안개 상자가 있다. 이것은 과포화(過飽和) 수증기가 들어 있는 상자 속에 전자를 넣으면 전자가 지나간 궤적이 비행운과 같은 원리로 흰 줄이 되어 나타나는 것을 이용한 것이다.

이 안개 상자 안을 날아가고 있는 전자에 자기장을 걸어 주면 "자기장 속의 하전입자는 원운동을 한다"는 법칙에 따라 깨끗한 원을 그린다. 그때 전자의 에너지와 전하(e)를 알 수 있으

용의자의 인상

C에 도달하는
전자의 분포

C

구멍   구멍

B

A

〈그림 1-3〉 전자의 분신술(A로부터 나온 1개의 전자는 나누어져서 2개의
구멍을 통과한다고 생각하지 않으면, C에서 생기는 전자 분포의
상태가 설명되지 않는다)

면 자기장의 강도를 조사하여 전자의 질량(m)이 간단하게 구해진다. 어김없이 전자는 입자이다. 그러나 전자가 '입자라는 사실'을 정말로 이해하기 위해서는 여기서 입자 자체의 개념을 좀 더 정리하여 둘 필요가 있다.

입자, 즉 '알갱이'라는 개념은 어떤 것인가에 대하여 독자와 함께 생각하여 보자.

쌀알이라든가 좁쌀 알갱이라는 등의 말들에서 우리가 암암리에 인정하는 것은 무엇일까? 둥글다는 것일까? 아니, 그렇지는 않다. 확실히 둥근 알갱이는 가장 간단한 모양을 하고 있지만, 둥글지 않아도 된다. 모래알 같은 것은 반드시 둥글지만은 않다.

그렇다면 작아야만 알갱이일까? 그렇지도 않다. 지구가 입자냐고 질문하면 대답에 궁색해질지 모르나 입자라는 것에 이견은 없을 것이다. 지구는 우주의 모래알 같은 것이다.

그러면 입자의 정의를 유한한 부피를 가진 덩어리라고 보면 어떨까? 이번에는 잘될 것처럼 보인다. 그러나 역학의 기초를 조금이라도 아는 사람이라면 질점(質点)이라는 개념을 들어 보았을 것이다. 질점이란 물체의 역학을 논할 경우에 이상화(理想化)된 개념의 하나로서, 질량(m)이 공간의 어떤 한 점에 집중된 가상적 물체를 말하므로 말하자면 '이상적 입자'이다. 예를 들면 태양 주위의 지구 운동을 논할 경우 서로를 질점으로 생각해도 된다.

그러면 입자라는 것은 극단적인 경우에는 유한한 부피를 가지지 않아도 된다고 할 수 있다. 아니, 오히려 체적에 구애되지 않는다고 하여야 할지 모른다. 우리는 쉽게 입자라는 말을 쓰

지만 깊이 생각하여 보면 명확한 정의는 매우 힘들다는 것을
알 수 있다.

한 병의 맥주도 입자

실은 입자의 일반적 정의란 '셀 수 있는 것'이다. 그 크기는
설사 보이지 않을 정도로 작거나 또는 아무리 크다고 하더라도
하나, 둘 하고 셀 수만 있으면 입자라는 것이다. 전자는 직접
눈에도 보이지 않고 만져서도 알 수 없다. 그러나 밀리컨의 실
험에서 전자는 e의 단위로써 전하를 셀 수 있으므로 입자인 것
이다. 또는 질량(m)의 단위로써 셀 수 있으므로 입자라고도 할
수 있다.

그냥 맥주라고 하면 이것은 입자가 아니지만, 병에 든 맥주
라면 입자이다. 다만 주의하여야 할 것은 임의의 척도인데, 예
를 들면 1ℓ의 맥주라고 하였을 때 그대로는 입자가 아니다.
왜냐하면 그것은 아직 1개, 2개라고 세기 위한 필요한 경계가
주어져 있지 않기 때문이다. 예를 들면 몰래 마셔 연속적으로
줄일 수 있는 것이다. 결국 1ℓ의 맥주라고 말한 것만으로는
아직 셀 수 있는 상태에 있지 않으므로 병이나 비닐봉지 등 무
엇에라도 정확히 1ℓ씩 넣어서 하나, 둘 하고 셀 수 있는 상태
가 되면 입자라고 하여도 된다(그림 1-4).

만일 전자의 전하나 질량이 연속적으로 여러 값을 가질 수
있다면, 우리는 전자를 그대로 입자라고 말할 수는 없다. 아메
바는 그것이 아무리 괴상한 형태를 하고 있더라도 한 마리, 두
마리로 셀 수 있으므로 입자이다. 다만 이것이 분열할 때는 확
정되지 않는다. 그러나 분열이 끝나면 다시 셀 수 있으므로 결

입자이다
(셀 수 있다)

입자는 아니다
(셀 수 없다)

〈그림 1-4〉 입자란 무엇인가?

국 입자인 것이다.

쌀알은 확실히 입자이다. 이것은 밥을 지어도 아직 입자이다. 즉 밥알로서 인식된다. 그러나 더 삶아서 죽이나 미음이 되면 어떨까? 쌀의 입자성이 흐릿하여질 것이다. 따라서 쌀은 어디까지가 입자냐는 물음에 대해서는 쌀알로서 셀 수 있을 때까지라고 말하는 것이 옳다.

그런데 밥알을 모으면 또 다른 종류의 입자가 된다. 예를 들면 주먹밥인데 이것은 웃어넘길 수 없는 중요한 일이다. 주먹밥은 밥알과는 이미 질적으로 다른 기능을 가지고 있다. 이 책의 마지막 부분에 조금 나오지만, 고체 속에 있는 무수한 전자가 모여들면 낱낱의 전자와는 전혀 다른 모습의 입자가 된다. 초전도체(超傳導體)라고 불리는 것 중에는 2개의 전자가 쿠퍼쌍이라는 새로운 입자를 만들고, 강자성체(强磁性體)에서는 자기의 근본이 되는 자기입자(마그논)가 나타난다. 또 이것은 전자가 아니고 원자나 이온이 주가 되지만, 소리의 근본이 되는(또는 열의 근본이 되는) 음향입자(音響粒子, 포논)라는 것도 있다. 그 본질은 간단한 것으로, 예를 들면 전자(밥알)로부터 마그논(주먹밥)이 만들어진다는 것처럼 새로운 입자의 탄생인 것이다. 그러면 '입자'의 개념은 이 정도면 충분하니 다음으로 나아가자.

보이는 파동, 보이지 않는 파동

지금은 전자현미경이 제작과 사용 면에서 두드러지게 진보하였다. 이 전자현미경은 여러 가지 바이러스 등을 직접 사진으로 찍을 수 있을 정도의 뛰어난 해상력(解像力)을 가졌다.

이 장치는 문자 그대로 전자를 빛으로 보고 그 파동으로서의 성질을 이용한다. 이 중에는 광학현미경과 같이 렌즈(유리가 아니고 자기장을 이용)가 있는가 하면, 렌즈의 초점거리를 f, 물체의 렌즈, 렌즈와 상의 거리를 각각 a, b로 한다는 등 어디선가 들은 적이 있는 그리운(또는 생각만 해도 지긋지긋한) 광학 공식(光學公式)이 모두 그대로 쓰이고 있다. 이와 같이 전자가 파동이라고 하는 아주 단순한 사실이 눈앞에 있다. 그러나 사실은 앞에서 말한 전자의 입자설과는 정면으로 모순되는 것처럼 생각된다. 이것을 어떻게 생각하면 될까?

이 문제에 대한 정확한 답을 하기 전에, 이번에는 '파동'에 대하여 우리의 생각을 정리하여 보자.

실은 같은 파동이라도 여러 가지 종류가 있으므로 전자의 파동성을 이해하기 위하여서는 파동 자체의 개념을 확실히 해야 한다. 파동이라는 말에서 우리는 우선 수면에서 일어나는 파동을 생각할 것이다. 큰 물결, 잔물결, 그 형태가 천차만별이라도 파동이라고 하면 수면이 출렁출렁 움직이고, 그것이 시간과 더불어 전달되어 가는 그런 이미지를 갖는다.

우리가 금방 머리에 떠올리는 이런 파동은 물과 공기의 경계면에서 생기는 표면파(表面波)라고 불리는 것으로 직관적으로는 가장 이해하기 쉽다. 표면파는 일반적으로 경계가 있으면 반드시 존재한다. 아침 햇살에 반짝이는 장미꽃의 이슬처럼 조그마한 표면에도, 지진과 같이 지구의 표면에도, 눈에 보이지는 않으나 난류와 한류의 경계에도, 또는 마이크로 세계에서는 원자핵의 표면에도 파동이 있다.

그다음으로는 표면파만큼 시각적이지는 않은 약간 추상적인 파동이 등장한다. 우선 소리의 파동, 즉 음파가 있다. 또 지진파 중에서 땅속의 깊은 진원지로부터 이리로 곧장 오는 파동(표면파는 아님) 등도 그런 것이다. 이것들은 확실히 표면파와 같이 경계선이 움직여서 파동이 형태로 보이는 것은 아니다. 굳이 관찰하려면 파동의 매질(媒質) 끝에 있는 것을 보아야 한다. 즉 음파라면 음원의 스피커의 진동판이 미세하게 진동하는 것을 본다거나, 또는 지진으로 빌딩이 흔들리고 있는 것 등을 보아서 간접적으로 파동의 존재를 '본다'. 그러나 침착하게 생각하면 이런 파동의 이미지를 만드는 것은 그리 어려운 일이 아니다.

음파의 본질은 조밀파(稠密波)라는 것이다. 공기에 짙고 연한 곳을 만들어 주면, 짙은 곳에서는 압력이 높아지므로 공기가 바깥을 향하여 움직이려 한다. 한편 연한 곳에서는 거꾸로 바깥으로부터 흘러들어 오려고 한다. 이렇게 하여 공기 속에 조밀의 반복이 전달되어 가는 것이 소리이다.

파동의 소재

음파, 그리고 여기서는 말하지 않았지만 탄성파(彈性波)라고 불리는 것 등은 우리의 일상 경험으로써 이해할 수 있다. 그러나 또 하나 추상화된 파동이 있는데, 그것이 곧 전자기파이다. 어디가 추상적이냐 하면 우선 파동을 전달하는 매질이 없다. 표면파에는 공기와 물 등 둘로 구별되는 인식 대상이 있어서 이것들의 경계가 있었다. 그러나 조밀파나 탄성파에는 경계가 중요하지 않고, 매질인 공기라든지 액체, 고체가 '미리' 존재하고 그 속에서 파가 생긴다(그림 1-5).

그렇지만 전자기파에 있어서는 매질이 필요 없다. 좀 더 정확하게 말하면 '아무것도 없는' 진공이 매질이다. 일상 세계의 파동은 매질이 움직이므로 파동으로 보이지만, 매질이 진공이라면 보이는 것이 없다는 것이므로 도무지 불안한 이야기이다. 그렇지만 일견 불안스럽게 보이는 추상화된 파동에 대한 생각이 근대 물리학의 가장 중요한 열쇠의 하나이다.

물리학자는 오랫동안 빛의 매질로서 에테르를 생각하고, 이것에 너무 집착해 왔다. 파동에는 매질이 있어야 한다는 전제를 생각하여 왔기 때문이다. 즉 매질이란 '정지해 있는 무엇인가 있는 것'이며 그것을 움직이는 것이 파동이라는 것이다. 그에 관련하여 아인슈타인의 상대성이론(相對性理論)은 매질에 대한 기존 개념을 타파하는 것에서부터 시작된 것이다.

매질이 없다는 점에서 전자기파는 추상적으로 되어 버렸다.

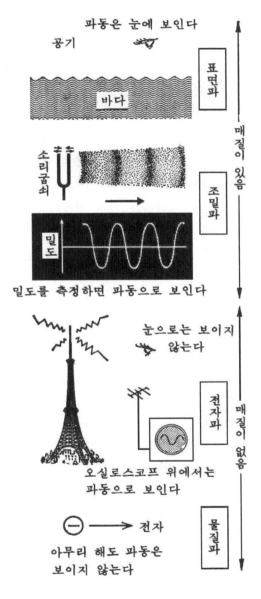

<그림 1-5> 여러 가지 파동

물론 파형은 직접 눈에 보이지 않는다. 그러나 관찰하려고 생각하면 방법은 있다. 즉 적당한 눈을 준비하면 된다. 이 경우의 눈이란 오실로스코프라고 불리는 것으로, 전기의 파동이 플러스와 마이너스로 변화하는 모양을 파형으로 그려 낼 수 있다. 그래서 우리는 직접 파동 자체를 볼 수는 없지만, 적당한 방법을 쓰면 전기장 또는 자기장을 측정할 수가 있다. 즉 그 파동이 공간에서 전달되어 가는 것을 간접적으로 볼 수 있게 된다.

마지막으로 등장하는 파동은 전자, 양성자, 중성자, 또 보통의 원자, 분자 등과 같은 질량을 가진 입자가 나타내는 물질파(物質波)라는 파동이다.

양자역학의 완성에 의하여 이런 것들의 파동으로서의 성질이 확실해졌지만, 이 파동은 전자기파보다도 더 추상적이게 되었다. 어떤 점에서 추상적이냐 하면 '파형을 관찰할 방법이 전혀 없다'는 것이다. 물론 매질은 진공이다. 그 점에서는 전자기파와 같지만, 전자기파가 출렁이는 파형으로 진행하는 상태는 전기장이나 자기장을 측정하면 알 수 있는 데 반하여 물질파의 플러스나 마이너스라는 것은 측정할 수단이 없다. 선천적으로 인간은 물질장(物質場)을 측정하는 능력을 갖지 못한 것이다. '물질이 있다'는 것은 알 수 있다. 나머지는 물질이 없다는 구별뿐이다. 그러나 어떤 시각에 있어서 이 물질은 플러스, 다음 순간에는 마이너스라는 식의 인식 능력은 사람에게는 없다.

좀 더 자세히 말하면 인간이 인식할 수 있는 것은 물질이 거기서 어떤 확률로 존재하느냐는 것뿐이다. 확률이란 보통 파동의 진폭의 제곱으로 나타난다. 진폭이 플러스건 마이너스건 제곱을 하면 반드시 플러스가 된다. 이 제곱한 플러스의 양이 거

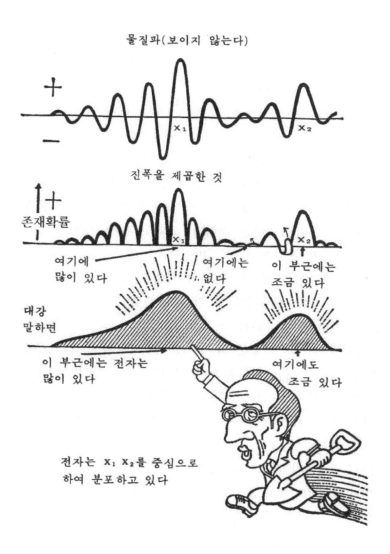

물질파(보이지 않는다)

X_1　X_2

진폭을 제곱한 것

존재확률

X_1　X_2

여기에　　　여기에는　　　이 부근에는
많이 있다　　　없다　　　조금 있다

대강
말하면

이 부근에는 전자는　　　여기에도
많이 있다　　　조금 있다

전자는 X_1 X_2를 중심으로
하여 분포하고 있다

〈그림 1-6〉 전자는 어디에 있을까?

기에 물질이 있는 확률, 즉 존재 확률(存在確率)을 나타낸다고 생각하는 것이다(그림 1-6).

확률을 알 수 있을 뿐……

물질파의 파형을 어떤 수단을 써서도 본질적으로 파악할 수 없다면, 결국 우리가 알 수 있는 것은 파동 그 자체는 아니다. 파동의 진폭을 제곱한 것, 즉 존재 확률이 큰지 작은지는 그 장소에서 전자가 포획되는 확률이 큰지 작은지를 말한다. 거기에 전자가 반드시 존재한다는 것은 눈에 보이지 않는 물질파의 진폭의 제곱이 1이라는 것이다. 그리고 진폭 자체는 시간적으로 변화하여 플러스 1로도, 마이너스 1로도 되어 있다. 그 시간적 변화가 우리에게는 아무리 하여도 보이지 않는다는 것이다. 또 진폭이 제로이면 그 제곱도 제로, 즉 전자가 존재하지 않는다고 말할 수 있다.

그런데 우리가 파동은 알 수 없지만 파동의 진폭의 제곱이라면 알 수 있다는 것은 무슨 뜻인지를 더 구체적인 예를 들어 생각하여 보자. 누군가가 뜨거운 주전자에 손을 댄다고 하자. "아이, 뜨거워!" 하며 손을 뗄 것이다. 이때 손은 무엇을 측정하였을까? 말할 것도 없이 열에너지가 주전자로부터 손으로 전달되고, 신경이 그 신호를 포착한 것이다.

우리는 열의 원인을 알고 있다. 그것은 물질을 구성하고 있는 원자가 진동, 즉 열운동을 하고 있기 때문이며 크게 진동하고 있을 경우는 온도가 높다. 그러나 사람의 손은 원자의 진동을 파동으로서 잡을 수 있는 능력이 없다. 이 경우 진폭의 제곱에 해당하는 열에너지를 알 수 있을 뿐이다. 즉 상대는 원자의 진동이며 파동이다. 그러나 손이라는 불완전한 측정기를 사용하면 파동으로는 보이지 않는다. 진폭의 제곱으로밖에 파악되지 않는다. 물질파에서도 이와 비슷한 사정이다. 그리고 이 경우에는 측정기를 아무리 바꾸어 보아도 열의 경우의 손처럼 불완전한 측정기여서 절대로 파형을 볼 수 없다.

여기서 한 가지 주의하여야 할 일이 있다. 그것은 전자가 입자라는 것을 어떻게 생각하느냐는 것이다. 어떤 방법으로써 전자를 포획하였을 경우 그것은 반드시 1개의 단위로서 잡힌다. 전자는 아무리 확률파로서 기술된다고 하더라도, 예를 들면 진폭의 제곱이 1/10이 되었기 때문에 그 장소에서 1개의 전자의 1/10이 포획되는 것은 아니다. 확실히 '셀 수 있는 것', 그것이 전자의 입자성이다. 다만 거기서 전자를 포획하려고 했을 때, 10번을 시도하여 한 번밖에 잡히지 않는다는 것이다. 아무리 완전한 전자포획기를 준비하여도 이것은 변함이 없다.

또 물질파는 이른바 파동이어서 떨어진 곳에도 퍼져 나가서 존재할 수 있기 때문에, 동시에 몇 군데에서나 출몰하는 것처럼 보인다. 백팔 번뇌를 씻어 내는 제야의 종소리가 새해를 맞이하는 거리 구석구석으로 퍼져 나가는 것도 음파라는 파동의 성질 때문이라고 생각하면 된다. 또 파동이기 때문에 파동 특유의 중합효과(重合效果)가 나타나서, 그 때문에 간섭현상이 일어난다(간섭 이야기는 다시 나온다), 종소리로 말하면 "윙—, 윙—"하는 여운이 그것이다.

그런데 어쨌든 전자가 파동이라면, 그 파장이 정해질 것이다. 프랑스의 드 브로이는 질량 m의 입자가 v의 속도로 달리고 있을 때 그 물질파의 파장 λ는

$$\lambda = \frac{h}{mv}$$

로 나타내어지는 것을 발견했다. 여기서 h라고 쓴 것은 양자론(量子論)의 개척자 플랑크가 발견한 상수이다.

이 식에서 알 수 있듯이 입자의 속도가 커지면 파장이 짧아진다. 예를 들면 초속 100km로 직선 위를 달리고 있는 전자는 파장이 약 7Å(옹스트롬), 즉 0.00000007cm가 된다. 전자가 이만한 파장의 파동으로서 달리고 있는 것을 볼 수는 없다. 그러나 간섭현상을 통하여 이 과정을 가졌다는 것이 간접적으로 증명된다.

전자 모습의 불명확성

파동성과 입자성을 더불어 지닌 전자에는 본질적으로 어떤 '불명확성'이 있다는 것을 지적한 사람이 하이젠베르크이다. 그는 공상적인 한 실험을 생각하였다.

전자 1개가 있다고 하자. 그것이 달리고 있을 때 고전적으로는 전자의 어떤 시각에 있어서의 위치 및 속도를 지정하면, 그밖의 임의 시각에 있어서의 전자 위치는 수학적으로 엄밀하게 결정된다. 그러나 우리가 지금 전자가 어디에 있는지를 실제로 알기 위해서는 어쨌든 보아야 한다. 그리고 그것을 보기 위해서는 빛을 쬐인다. 즉 전자에 빛을 충돌시켜 그 반사를 관찰한다. 그런데 빛을 충돌시킴에 따라 전자의 운동이 변화하고, 이 때문에 전자의 위치와 속도가 불명확하게 된다.

엄밀하게 계산하여 보면, 전자의 위치를 정확하게 결정하려면 전자와 그 속도가 점점 더 불명확하게 되고, 거꾸로 속도를 정확하게 계산하려 하면 위치가 불명확하게 된다. 양쪽 모두 정확하게 구하는 것은 불가능하다. 그러므로 현실적으로는 위치도 속도도 어느 정도까지의 확실성으로밖에는 결정하지 못한다. 즉 우리의 입장에서 보면 전자는 우유부단한 존재이며, 여기에 인간의 직접적 자연 인식의 한계가 있다. 하이젠베르크의 불확정성원리(不確定性原理)라고 불리는 것이 바로 이것이다.

기묘한 스케이터 왈츠

전자의 입자성과 파동성이 마이크로 세계의 최대 특징이므로 여기에서 일어나는 현상이 매크로 세계의 우리에게는 홍길동 같은 불가사의가 된다는 것을 알 수 있었다. 그러나 아직 홍길동 같은 일렉트론의 정체를 모조리 밝혀낸 것은 아니다. 전자에는 또 하나의 큰 비밀이 있다. 이것은 이른바 자기(磁氣)의 근본으로서의 성질이며, 우리의 일상생활 속에도 있는 TV 등의 트랜스(변압기)의 자성 재료(磁性材料)가 이것을 응용한 것이다.

전자는 사실 그 자체가 회전운동을 하고 있다. 보통 이 전자의 회전운동(자세히 말하면 그 회전의 운동량)을 전자의 스핀이라고 부른다. 이것은 전자가 정지하여 있거나, 움직이고 있거나 원자핵의 주위를 돌고 있거나에 관계없이 존재한다.

'스핀'이라고 하면 독자는 피겨 스케이터의 스핀을 연상할지 모른다. 스핀은 경쾌한 음악을 타고 물 흐르듯 하는 피겨의 중요한 포인트이지만, 역학적으로는 각운동량(角運動量)이라고 불리는 매우 명쾌한 물리량(物理量)이다. 알아듣기 쉽게 말하면 회전하고 있는 팽이를 생각하면 된다. 이 팽이의 회전 상태가 스핀의 크기이다. 물론 마이크로 세계에서 돌고 있는 것은 전자 그 자체이다.

그러나 전자의 스핀과, 팽이나 피겨 스케이트의 매크로한 회전을 비교하면 본질적으로 다른 점이 두 가지 있다. 그 하나는 매크로한 스핀은 자유로이 정지시키거나 돌게 할 수 있지만 전자의 스핀은 그렇게는 안 된다는 것이다. 전자의 스핀은 결코 정지하지 않는다. 전자는 일정한 각운동량으로 선천적으로 돌고 있다. 전자에는 질량(m)이 선천적으로 갖춰진 것과 마찬가지로, 스핀(S)이 선천적으로 영겁에 걸쳐 영구히 존재한다. 이 점이 팽이 등과는 다르다.

또 하나의 차이는, 우리가 전자의 스핀을 볼 때 전자는 우회전이나 좌회전의 두 가지 상태 중 어느 하나를 취하지만 그 중간은 없다는 것이다. 전자스핀(S)의 크기는 보통 플랑크 상수(h)를 2π로 나눈 값을 단위로 한다. 그때 전자의 S는 1/2이 된다. 그리고 우리가 전자를 볼 때, 그 스핀은 +1/2이나 −1/2 중 어느 것인가의 상태밖에 없다고 한다. 그리고 +1/2의 상태는 우회전, −1/2은 좌회전의 상태에 있다는 것이다. 이것을 비유한다면 다음과 같다. 전자의 스케이터 왈츠를 보러 갔다고 하자. 관객석, 즉 인간의 입장에서 보면 그 왈츠는 정말로 기묘한 것이다. 어느 전자에 눈을 돌려도 모두 똑같은 크기의 스핀운동을 하고 있다. 어떤 음악이 울려도 스핀은 일정하며 결코 변함이 없다. 전자 자신은 물질파로서 구성되어 있으므로 아름다운 의상이 펄럭이는 것을 보고 즐거워할 수도 없다. 그러나 잘 관찰하면 역스핀을 하는 것도 있다. 그러나 이것은 스핀의 방향이 반대로 된 것뿐 크기는 같다. 그리고 지쳤을 터이니 스핀을 멈추고 그 자리에서 쉬고 있으라고 하는 것은 절대로 안

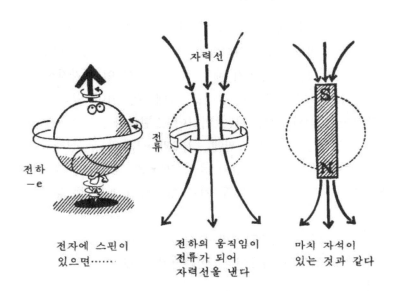

자력선

전류

전하
ㅡe

전자에 스핀이
있으면……

전하의 움직임이
전류가 되어
자력선을 낸다

마치 자석이
있는 것과 같다

〈그림 1-7〉 전자가 회전하면 자석이 생긴다

된다. 우리로서는 무엇보다도 기묘한 광경일 것이다.

전자자석

그러면 전자가 스핀을 가졌다면 어떤 작용이 나타날까? 이것
이 다음번 문제이다.

전자에는 원래 마이너스의 전하가 있다. 이것이 스핀운동을
한다는 것은 전하가 회전하는 것이라고 보아도 된다(그림 1-7).
이것이 원전류(円電流)이다. 원전류가 흐르면 당연하게도 자기장
이 생긴다. 앞에서 본 것처럼 스핀은 영구운동이므로 이 자기
장은 영구불변이다. 또 우리가 스핀을 보았을 때 우회전이나
좌회전의 상태만이 관측된다. 이것에 대응하여 스핀에 의한 자

기장도 상향 또는 하향의 어느 것에 한정된다.

이와 같은 자기장을 만드는 전자를 더욱 알기 쉽게 이해하려
면, 전자는 영구자석을 가졌다고 생각하면 된다. 영구라고 하는
것은 스핀이 영구불변이기 때문이다. 따라서 이 전자자석(電子磁
石)은 영원히 방치하여도 절대로 약해지는 일이 없다. 그리고
매크로한 자석과 다른 점은 이것이 스핀이라는 회전운동을 수
반하고 있다는 것, 한 스핀에 +1/2과 -1/2의 두 상태밖에 없
다는 것에 대응하여, 인간이 측정 방향을 지정하면 그 방향에
대하여 상향 또는 하향의 두 가지 방향밖에 취할 수 없다는 것
이다.

이 마이크로한 전자자석의 특성을 나타내는 중요한 양이 스
핀과 자기 강도의 비례이다. 이해하기 쉽게 단위를 적당히 취
하면 이 비는

$$\frac{\text{자기의 크기}}{\text{스핀의 크기}} = 2$$

가 된다. 이것을 보통 g값이라고 부른다. 2라고 정하여져 있는
것을 왜 귀찮게 g라고 하는가 하면, 자유로운 전자에서 g값은
2가 되지만, 물질 속에서는 여러 가지 사정 때문에 2와 다를
때가 있기 때문이다. 어떤 때는 1 이하가 되기도 하고, 6 또는
7이라는 값이 되기도 한다. 그리고 그 변화를 조사하는 것은
물질 속의 전자상태를 결정하는 중요한 열쇠가 되는 것이다.

환상의 프로세스

여기까지 오면 독자는 이미 전자의 모습을 머릿속으로 스케
치한 것이 된다. 다음은 마무리를 서두르기만 하면 된다. 그리

고 이 마무리 조작 중에는 크기 자체는 대단한 것이 아니지만 중요한 의미를 지니는 사고방식이 있다. 이것이 여기서 다루는 '가공의 과정'으로서 앞의 제목처럼 '환상의 프로세스'라고 말할 수 있는 오묘한 원리이다. 이것은 양자역학의 비결의 하나로서 이것을 마스터하면 양자역학, 즉 현대 물리학의 기초를 체득하였다고 할 수 있을 것이다.

그런데 이 비결을 엄밀하게, 또 일반적으로 설명하는 것은 수학 없이는 불가능하며, 배우는 사람에게도 상당한 기초가 있어야 한다. 그러나 비결이란 것에는 일종의 선문답(禪問答) 비슷한 점이 있어서, 모르는 사람에게도 논리적으로는 이해가 되지 않으나 무엇인가 마음에 탁 잡히는 것이 있다. 다만 상대가 상대인 만큼 매우 벅차기 때문에 우선 다음과 같은 비유를 읽어 보기 바란다.

좀 과장된 표현이지만 인생에 있어서 소설(小說)의 의의란 어떤 것일까? 사람은 소설을 읽는다. 아마 그 사람은 매일 평범한 생활을 반복하는 소시민일 것이다. 그러나 그가 소설을 읽는다는 것은 현실을 잠시 떠나서 가공의 세계에서 노니는 일이다. 이 이야기가 평생토록 마음에 새겨지는 경우에는 더욱 깊이 탐닉하게 된다. 이윽고 그는 깊은 한숨과 함께 현실로 되돌아오는데, 가공의 세계와의 교류에 의하여 무엇인가 변모를 이루고 있다. 그는 얼핏 보기에 아무 변화도 없는 사람처럼 돌아오지만 그의 마음은 훨씬 풍요로워졌을 것이다. 그 후의 그의 인격과 행동에는 반드시 어떠한 차이, 즉 소설의 세계를 한때 드나들었다는 것의 프로세스효과가 나타날 것이 틀림없다.

그러면 우리도 여기서 다시 현실로 되돌아오자. 전자는 아무

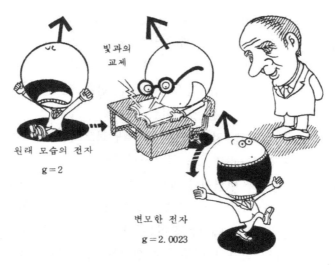

42

빛과의 교제

원래 모습의 전자

g = 2

변모한 전자

g = 2.0023

〈그림 1-8〉 환상의 프로세스

렇지도 않은 듯이 존재하고 있는 것처럼 보이지만, 사실은 가
공의 프로세스를 취하고 있다. 그러면 전자에게 있어 '소설'에
해당되는 세계는 무엇일까? 그것은 '진공'이다. 좀 더 자세히
말하면 전자는 진공 속에 전자기장을 만들기도 하고 지워 버리
기도 한다. 이것은 전자의 하전이 만드는 전기적인 전기장과는
별개며, 광자(光子)를 배출, 흡수하여 생기기도 없어지기도 한
다. 다만 이것을 바깥으로는 내놓지 않는다. 우리에게 있어서는
가공의 프로세스인 것이다(그림 1-8).

 이 결과 전자의 어떤 성질이 바뀌는가 하면, 전자스핀에 수
반하는 자기의 크기가 조금 커진다. 자기의 크기를 나타내는
값으로 g가 있는데, 만일 가공의 프로세스가 없다면 g는 엄밀
하게 2이다. 그러나 이 프로세스에 의한 영향으로 g값은 자세

히 말하면 2.0023이 된다. g값에 있어서의 약 1/1000 증가, 이것이 전자스핀에 관한 '소설'의 효과이다. 이것은 꽤나 작다고 생각되겠지만(사실 g값을 그냥 2라고 말하는 경우가 많다), 가공의 프로세스라는 사고방식은 매우 중요한 효과를 여러 곳에다 가져다준다.

독자는 얼마 후 이 책의 마지막쯤에서 초전도 이야기를 읽게 될 것이다. 사실은 초전도란 가공의 프로세스를 배놓고는 결코 이해할 수가 없다. 그러나 그것은 일단 덮어 두고, 여기서는 1개의 전자 이야기를 서두르기로 하자. 결론적으로 전자는 전자기장과의 보이지 않는 상호작용에 의하여 약간 몸치장을 고치는 그런 것이다.

아직도 남아 있는 전자의 수수께끼

지금까지의 이야기는 전자의 기본적인 성질을 양자역학을 적용하면 어떻게 이해할 수 있느냐는 것이었다. 이것으로 물성물리학을 이해하기 위해 필요한 전자상(像)은 모조리 밝혀졌다고 할 수 있다. 그러나 전자 자신의 문제로서는 현대 물리학에 있어서도 이해할 수 없는 수수께끼가 아직도 남아 있다. 전자는 무엇 때문에 전하(-e), 질량(m), 스핀(1/2)……이라는 단위로서 존재하느냐는 의문이다.

이것은 사실 소립자론의 문제로서 단지 전자만의 문제가 아니라는 것은, 예를 들어 무게가 다른 양성자가 왜 전자와 같은 절댓값의 전하를 가지고 있는가를 생각해 보면 알 수 있다. 소립자의 필연성을 기술하는 방정식은 아직 발견되지 않았으므로, 소립자의 하나인 전자에 대하여도 당연한 일이지만 위에서 말한 필연성은 아직 알지 못한다. 현대 물리학의 최대 문제의 하나인 소립자에 대해서 앞으로 20년쯤 남은 20세기 중에 만족할 만한 해답이 과연 얻어질 수 있을지……. 그것은 신만이 알고 있을지 모른다.

그런데 독자는 전자 1개에 대해서도 얼마나 숱한 문제가 있느냐는 것과 그것이 양자역학에서 교묘하게 처리된다는 것을 이해하게 되었으리라고 생각한다. 그러면 이 전자가 어떻게 하여 원자핵 주위에 서로 모여들어서 원자를 형성하느냐, 그리고 그것은 물성 물리학의 무대인 고체, 액체, 기체의 각각의 모습에, 그리고 무수한 물질적 변화 속에서 어떤 역할을 해 나가느냐, 또 물질은 어떠한 구조로써 이 전자를 받아들이느냐, 그 결과 물질의 성질은 어떻게 변화하고, 또는 어떻게 결정되느냐는 등등의 문제들을 차례로 고찰하여 나가기로 하자.

2. 원자의 소묘

몸을 떨던 보어

수년 전에 돌아간 미국의 저명한 물리학자 오펜하이머가 일본을 방문했을 때 이런 이야기를 했다.

언젠가 그가 처음으로 원자의 비밀을 밝혀낸 덴마크의 보어에게 이렇게 질문했다.

"선생님께서 수소 원자의 양자론적 해석에 성공하셨을 때 어떤 기분이었습니까?"

대답은 오펜하이머가 상상도 못 한 것이었다.

"나는 너무도 두려워서 계속 몸이 떨렸었지. 이것이 진실의 세계라고 생각하니까 말이야…….."

중요한 발견, 그중에서도 한 세기에 하나나 둘 정도 있을 대발견에 직면하였을 때 사람의 마음은 기쁘다든가 좋았다는 기분이 도저히 일어나지 못하는 모양이다. 이것은 사람의 마음속 내면을 잘 나타내는 함축성이 있는 말일 것이다.

한편 우리는 이미 1장에서 마이크로한 세계에서 빛이나 물질을 구성하는 입자는 파동으로서의 일면도 더불어 가지고 있다는 사실을 보았다. 양자역학에 의하여 드러난 이 충격적 사실이 원자의 세계로 들어오면 원자의 심오한 내부 구조가 베일을 벗고 우리 앞에 나타나게 된다. 그리고 이 원자의 참모습과 함께, 마찬가지로 이해할 수 없었던 몇 가지 수수께끼, 예를 들면 일반적으로 물질의 비열(比熱)이 저온에서는 종래의 이론에 따르지 않는 점이라든지, 전자기파가 온도에 따라서 특이한 분포를 가지는 열평형(熱平衡)에 관한 미스터리 등이 거뜬히 해결된 것이다.

　그러면 1장에서 파악한 전자의 본성을 모조리 투입하면 거기서부터 어떤 원자의 참모습이 떠오를까? 이 새로운 원자상(像)을 그려 내는 것이 2장의 주제이다.

　세상은 이상한 것이어서 혁명적인 흐름이 필연적인 것이 되면 이것에 대처하는 위대한 인물이 홀연히 등장한다. 나라가 위기에 처했을 때 많은 애국지사들이 그러하였고, 분야가 전혀 다른 학문의 영역에서도 예외는 아니다. 플랑크가 처음으로 양자의 비밀을 벗긴 것은 바로 1900년이었다. 자연계에 있어서 에너지는 연속적이지 않고 띄엄띄엄한 값을 가진다는 이 사실의 발견에 이어 많은 천재가 배출되었다. 보어, 조머펠트, 하이젠베르크, 드 브로이, 슈뢰딩거, 파울리, 일본의 나가오카 등도 원자 구조의 올바른 이해에 이르는 과정에서 중요한 공헌을 하였다.

　그러나 돌이켜 보면 인류가 물질의 본질을 탐구하여 원자에 이르기까지의 과정은 상상도 못 할 길고 긴 우여곡절이 있었던 것으로 생각된다. 한 인간이 태어나 이윽고 물정을 헤아리며 주위를 둘러본다. 그때 처음으로 그가 알아내는 것은 모양과 형태가 다른 여러 가지 물질이 존재한다는 것일 것이다. 인류가 수십만 년 전엔가 이 지상에 나타나 생존권을 확립하였을 때, 말하자면 물정을 헤아리게 되어 주위를 살펴보았을 때, 도대체 물질이란 무엇이냐는 문제가 자연히 머리에 떠올랐을 것이다. 아마 온갖 기발한 아이디어가 생겼을 것이다. 그러나 그 대부분이 민족 저마다의 역사와 더불어 깊은 망각 속으로 잠겨 버리고, 다시는 찾아 볼 수 없는 것이 유감스럽다.

원자란 무엇인가?

대체 원자란 무엇인가? 그것은 모든 물질의 구성 요소인 작디작은 입자라는 것이 여러분이 잘 아는 돌턴의 대답이었다. 그러나 우리가 다음으로 알아낸 것은 원자가 돌턴이 말하는 것처럼 단순한 입자에 그치지 않고, 좀 더 심오한 내부 구조를 가졌다는 것이다. 아주 간단하게 말하면, 원자란 그 중심에 원자핵이 있고 그 주위를 몇 개의 전자가 빙글빙글 돌고 있는 것이라고 하면 된다. 그러나 물질의 다양한 변화를 추구하려는 앞으로의 목적을 위해서는 이 모형만으로는 아직 불충분하다.

이 책에서는 중심에 있는 원자핵의 내부 구조에는 들어가지 않고, 그 주위를 돌고 있는 전자에 대하여 구체적인 탐색을 하기로 한다. 금속이라든지 반도체 등의 물질을 분류하기 위해 좀 더 미세한, 마이크로한 성질을 이해하기 위해서도 그 정도는 아무래도 필요하다.

원자 중에서 가장 간단한 것은 수소 원자이다. 이것은 원자핵인 1개의 양성자를 중심으로 하여, 그 주위에 한 개의 전자가 전기적인 힘으로 결합된 것이다. 그러나 단지 그것뿐이냐고 단순하게 생각하지는 말아 주기 바란다. 전자란 만만하지 않은 상대이므로 주의하여 관찰해야 한다.

우선 순서에 따라 수소 원자보다 더 간단한 모델로 논의하기로 하자. 이것은 상자 속의 전자라고 하는데, 말하자면 장난감과 같다. 주사위처럼 속이 빈 입방체의 상자에 전자를 넣었을 때, 그 전자는 어떤 행동을 할까? 이것을 생각하자는 것이다.

이런 장난감이 무슨 역할을 하는가? 이것은 분명히 수소 원자와는 다르지만 한 가지 중요한 유사점이 있다. 즉 수소 원자

의 경우는 양성자가 플러스의 전하를 띠고 있기 때문에 마이너
스 전하를 가진 전자는 양성자의 주위에 속박되어 있어 멀리는
갈 수 없다. 이렇게 속박된 전자라는 점에서 상자 속의 전자와
수소 원자는 공통성이 있다. 1장에서 말한 전자상은 특별히 경
계가 없는 자유 공간을 달리는 전자였다. 그러나 물질 속의 전
자를 논할 경우 자유로이 달리는 전자에 있어서 속박된 상태에
있는 전자상을 똑똑하게 알지 못하면 편파적이게 되고 만다.
이 때문에 생각된 가장 간단한 모델이 이것이다.

장난감을 이용한 실험

  한 변의 길이가 L인 상자 속에 전자 하나를 넣었다고 하자.
우선 전자가 상자 속에서 자유로이 돌아다닐 수 있으면 어떻게
될까? 아마 보지도 생각하지도 못하는 전자는 금방 벽에 부딪
힐 것이다. 그리고 벽이 충분히 두터우면 벽으로 스며 나가지
못하고 튕겨 올 것이다(독자는 1장의 밀실 문제를 상기할 것이다).
벽이 얇으면 전자는 장기인 둔갑술로 슬쩍 빠져나가 버린다.
  입자로서나 파동으로서도 전자가 벽에 반사되는 상태를 상상
하는 것은 그리 어렵지 않다. 독자는 이미 점점 추상화되어 가
는 파동을 보아 왔다. 그것은 파동의 성질이라고 할 만한 것을
단계적으로 확인한 것인데, 여기서 파동의 형태에 대하여 덧붙
여 둘 것이 한 가지 있다.
  파동은 보통 진행파(進行波)라는 상태에 있다. 즉 출렁출렁 이
어지면서 진행한다. 그러나 이것이 어떤 장애물에 부딪치면 거
기서 되튕긴다. 그리고 그 반사가 에너지 손실이 없는 전반사
라면 파동은 입사 때와 같은 진폭으로 완전히 반사된다. 즉 밀

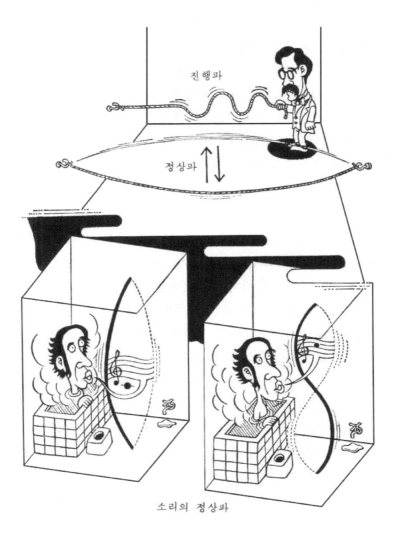

소리의 정상파

〈그림 2-1〉 정상파란 무엇인가?

려오는 물결과 돌아가는 물결이 합쳐진 상태가 됐을 때, 우리는 이것을 이상적인 정상파(定常波)가 이루어졌다고 한다.

정상파의 특징은 겉보기로는 진행을 멈추고 있는 것처럼 보이는 것이다. 알기 쉬운 예로서는 실이나 끈의 양 끝을 세게 잡아당겨 고정시켜 두고, 가운데쯤을 탁 튕겼을 때 생기는 파동이 이것이다. 정확히 말하면 이때 진동은 튕겨진 지점으로부터 일정한 속도로서 좌우로 진행하는 진행파가 된다. 이것이 양 끝의 벽에서 반사되어 오른쪽으로 가는 파동과 왼쪽으로 가는 파동이 겹쳐지면 비로소 정상파가 되는 것이다. 이 파동은 이미 전체로서는 좌우 어느 방향으로도 진행하지 않는 것처럼 보인다.

알기 쉬운 예를 하나 더 들어 보자. 밀폐된 좁은 방에 커튼이나 책상같이 소리를 흡수하거나 묘한 반사를 하는 물건이 없을 때, 예를 들면 목욕탕이나 화장실 안에서 "도레미파솔라시도……"라고 소리를 내어 보면, 어떤 특정한 음만이 강하게 반향을 내는 것을 경험한 사람이 있을 것이다. 이것이 소리의 정상파가 이루어졌을 때의 특징이다. 방, 즉 상자의 크기가 정확히 파장의 정수 배(정확히는 1/2파장의 정수 배)가 되었을 때에만 나가는 파와 되돌아오는 파의 간섭이 이루어져 정상파를 만든다. 그러므로 예를 들어 도의 음계에서 반향이 강했다면 그 한 옥타브 위의 도에서도 정상파가 성립된다. 이 조건을 공명(共鳴)의 조건이라고도 한다. 공명이라고 하는 것은 이 방에 음파가 똑같이 울리기 때문이다. 예를 들어 A씨가 어떤 생각을 말할 때, B씨에게 이 생각이 옳다는 마음이 있으면 B씨는 A씨의 말에 공명한다고 한다. B씨의 마음으로부터 동떨어진 이야기라면

B씨는 공명하지 않는다. 즉, 방 크기가 음파의 파장과 딱 들어 맞지 않으면 공명이 되지 않는다(그림 2-1).

하기야 그런 엉뚱한 곳에서 소리를 지른 적이 없으니 모르겠 다고 말할 사람도 있겠다.

전자가 안정되는 조건

그런데 상자 속에 음파의 정상파가 이루어졌을 때 어떤 특정 음파 또는 그 정수 배의 진동수를 가진 파동만이 공명을 일으 키는 것에 주의하자. 〈그림 2-2〉에서 알 수 있듯이 벽 사이의 거리가 꼭 파동의 한 마루, 두 마루, 세 마루……에 해당하는 음파만이 공명한다.

전자도 같은 파동이므로 조건이 충족되면 정상파를 만들 수 있다. 정상파를 만들 수 없는 전자는 불안정하여 빛이나 벽에 열을 주거나 받거나 하여 에너지상태, 즉 전자의 물질파의 파 장을 정비하여 어쨌든 정상파를 만든다. 가장 파장이 긴 파동 은 L의 길이가 한 마루에 해당된다. 이것이 파장 2L의 파동이 다. 다음이 두 마루(파장 L), 세 마루(3/2L)……라는 파동이 상자 에 딱 들어맞는 정상파이다.

만일 전자에 입자의 성질밖에 없다면 이런 파동은 생각할 것 도 없이 완전히 자유롭게 존재할 수 있다. 그러나 전자에는 파 동의 성질이 있다. 따라서 정상파가 아니면 안주할 수 없게 되 므로 상자 속에 있는 전자는 일정한 상태밖에 취할 수 없다. 반대로 이 일정한 상태에 번호를 붙여 두면, 전자가 몇 번의 상태에 있는지를 금방 알 수 있다. 여기서 마루의 수가 하나, 둘, 셋……이라면 그 수에 따라 1, 2, 3……으로 번호를 붙여

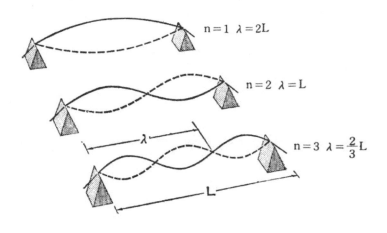

$$n=1 \quad \lambda = 2L$$

$$n=2 \quad \lambda = L$$

$$n=3 \quad \lambda = \frac{2}{3}L$$

〈그림 2-2〉 정상파와 파장의 관계

간다. 이것을 상자 속 전자의 양자번호 또는 양자수라고 한다.
이렇게 보면 양자번호라는 것은 전자의 상태를 나타내는 번지
수이다. 그러므로 어떤 전자가 7번의 상태에 있다고 하면, 전
자는 상자 속에서 7개의 마루를 가진 정상파라는 것이다.

그런데 전자는 또한 입자이므로 상자 속에서도 당연히 입자
로서 다루어진다. 이렇게 하여 전자상태의 양자화(量子化)가 완
성된다. 이것은 정상파가 성립될 조건 때문에 특정한 파장의
전자상태가 실현되고 각 전자가 각각의 파장, 에너지를 가지며
하나, 둘 하고 셀 수 있는 상태에 있다는 것이다. 이렇게 상자
의 전자가 띄엄띄엄한 에너지를 가진다는 것이 양자론의 중요
한 결론이다. 이것이 상자 속에만 한하지 않고 원자에 속박된
전자에 대해서도 성립된다는 것은 말할 나위 없다.

[주] 독자가 조금 수식을 사용하여도 별로 싫어하지 않는다면, 상자 속의 전자가 가지는 에너지를 양자역학을 이용하여 극히 간단하게 계산할 수 있다.

상자 속의 전자가 v의 속도를 가지고 있으면 드 브로이의 파장은 앞에서와 같이

$$\lambda = \frac{h}{mv}$$

이다. 한편 정상파의 파장에 가해진 조건은 양자번호를 n이라고 하면

$$\lambda = \frac{2L}{n} \ (n = 1, 2, 3\cdots\cdots)$$

이 된다.

예로서 n이 1일 때, 즉 산 하나의 파동을 생각하면 λ는 2L, 따라서 상자의 길이의 배가 한 파장이 된다. 이 파동 이외의 파장을 가진 전자파(電子波)는 상자 속에는 존재할 수 없게 된다.

그런데 움직이고 있는 전자는 운동에너지를 가진다. 이것을 E라고 하면

$$E = \frac{1}{2}mv^2$$

이 된다는 것은 기초적인 역학에서 잘 알려져 있다. 여기서 이 식의 v에 드 브로이의 식에서 나온 v를 대입하고, 또 λ에 양자 조건을 가한 2L/n을 넣으면

$$E = \frac{1}{2}m\left(\frac{h}{m\lambda}\right)^2 = \frac{1}{2}m\left(\frac{hn}{m2L}\right)^2 = \frac{h^2n^2}{8mL^2}$$

$$(n = 1, 2, 3\cdots\cdots)$$

이라는 결과가 나온다.

이 식을 보면 n이 1, 2……의 띄엄띄엄한 값을 가지므로 에너지도 띄엄띄엄한 값을 가진다는 것을 알 수 있다. 간단히 하기 위하여

$$\frac{h^2}{8mL^2} = A$$

라고 쓰면 에너지(E)는 양자수(n)가 1일 때, 즉 상자에서 산 하나의 파
동일 때 A이고, 산이 둘일 때, 즉 n이 2일 때는 4A, 3일 때는 9A……
가 된다. 이것으로 끝났다. 여러분도 양자론으로써 전자의 에너지를 구
한 것이 된다.

공간에 안주하기 위하여

다음에는 상자의 모델을 떠나서 실제의 수소 원자를 들여다
보기로 하자. 수소의 원자핵은 +e의 전하를 가지고 있는 양성
자이다. 그러므로 이 핵은 -e의 전하를 가진 전자를 끌어당기
게 된다. 따라서 만일 전자가 단순한 입자라면 마치 태양계에
서의 행성처럼 수소 원자핵의 주위를 돌게 될 것이다.

그러나 전자는 이미 말한 파동성을 가졌다. 그러므로 전자는
핵 주위를 도는 정상파를 만든다. 이것은 마치 상자 속의 전자
가 정상파를 만든 것과 같은 것이다. 다만 이번에는 상자의 벽
에 해당되는 것이 없으므로 양성자를 중심으로 한 어떤 반지름
의 구면 위에 정상파를 만든다(그림 2-3). 즉 앞에서 말한 한
변의 길이가 L인 상자에 해당하는 것은, 이 구의 원둘레(반지름
을 r로 하면 $2\pi r$)이다. 이 원둘레가 바로 파장의 정수 배가 되는
파동만이, 따라서 이 파장으로 지정될 만한 에너지를 가진 전
자만이 양성자의 주위에 안주할 수 있다.

다만 구면 위의 정상파라는 것은 상자 속의 파동과는 달라서
머릿속에 명확한 이미지를 그리기가 힘들다. 또 양성자로부터
의 거리에 따라서 전자에 작용하는 인력이 변한다는 사실도 있

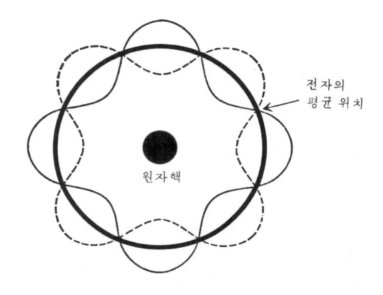

전 자 의
평 균 위 치

원 자 핵

〈그림 2-3〉 전자는 원자핵 주위에 물질파의 정상파를 만든다

<u>으므로</u> 이 이상 상세한 취급은 이 책의 수준을 넘는다. 그러나 결과만을 간추려 보면 다음과 같다.

수소 원자 속의 전자가 띄엄띄엄한 에너지값을 취한다는 것은 상자 속의 전자와 같다. 그러나 그 상태를 결정하기 위해서 등장하는 양자수는 조금 다르다. 원자의 경우에는 4종류의 양자수가 나타나는 것이다.

우선 첫 번째는 '주양자수(主量子數)'인데 이것은 전자가 양성자로부터 어느 정도나 떨어져 있는가를 나타내는 양자로서 양성자에 가장 가까운 곳으로부터 1, 2, 3······으로 번호를 붙인다. 보통 이 양자수를 n으로 표시한다.

두 번째로 '궤도양자수(軌道量子數, 보통 ℓ로 나타냄)'라는 것이 있다. 이것은 전자가 양성자 주위를 돌 때의 각운동량을 나타내는 것으로, 전자궤도의 형태를 결정하는 양자수이다.

세 번째는 '자기양자수(磁氣量子數, 보통 m으로 나타냄)'인데 이것은 전자가 어느 정도의 자기를 만드는가를 나타내는 양이다. 주의하여야 할 것은, 이것은 스핀이 나타내는 자기가 아니다. 하전을 가진 전자가 양성자의 주위를 도는 것에 의해서 스핀의 경우와 마찬가지 이유로 자기가 생기는데 그것을 나타내는 양이다.

네 번째는 스핀의 상태를 나타내는 '스핀양자수'이다.

전자를 호출하는 번호

조금 복잡해졌지만 다음과 같이 정리하여 외워 두면 된다. 수소 원자가 지금 어떤 상태에 있는가를 조사하려고 한다고 하자(수소 원자도 경우에 따라서 여러 가지 전자상태를 취한다. 예를 들면 빛을 받았을 때 또는 태양의 코로나 속에 있을 때 등에는 전자상태가 어지럽게 변하고 있으므로 그럴 때에 여러 가지로 조사할 필요가 있다). 이 조사를 위해서는 우선 전자상태를 나타내는 색인표를 대조해 간다. 이것은 마치 국번 없이 전화를 거는 것과 마찬가지로 지극히 간단하다(그림 2-4).

먼저 네 자리의 윗 숫자인 주양자수(n)를 본다. 여기서 이를테면 3이라고 하자. 다음에는 궤도양자수(ℓ)를 보니 2가 나왔다고 한다. 다음에는 자기양자수(m, 실은 궤도자기(軌道磁氣)이지만)에는 2가 나오고 마지막으로 스핀양자수(s)가 1/2로 나왔다고 한다. 나란히 적으면 (3, 2, 2, 1/2). 이것으로 OK이다. 전

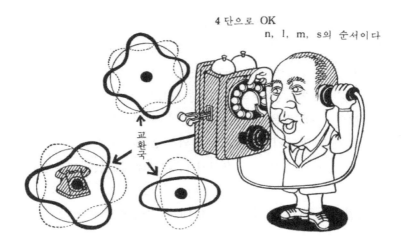

4단으로 OK
n, l, m, s의 순서이다

교환국

〈그림 2-4〉 만일 원자 내 전자의 소식을 알고 싶으면……

화번호와 다른 점은 스핀에 반정수(1/2의 홀수 배)가 들어 있다
는 것뿐으로, 이렇게 하여 전자의 번지수는 완전히 결정된다.

전자의 번지수가 모조리 정하여진다는 것은 무엇을 말하는
가? 이것은 지금 양성자 주위의 전자가 어떤 상태에 있는가를
완전히 알았다는 것이다. 전자에는 파동성이 있으므로 어느 순
간에 어떤 공간에 있느냐 하는 것은 알 수 없기도 하고 말하는
것도 의미가 없다. 그러므로 전자가 있는 곳을 알고 싶을 때는
물질파 진폭의 제곱, 즉 평균하여 전자는 어디에 어떤 확률로
있느냐를 구한다. 또 그것밖에는 지정할 수가 없다. 이렇게 하
여 전자의 전 상태의 지정이 스핀의 상태까지 포함하여 네 자
리의 수로써 결정된다는 것이다.

원자 고속도로

전자가 이들 양자화된 전자상태로 있을 때는 구체적으로 어떤 공간에 어떻게 존재하는 것일까?

태양계에서 수성, 금성, 지구……와 같이 태양 주위를 도는 행성은 서로 충분한 거리를 유지하고 있어서 서로가 미치는 영향도 근소하다. 하나하나를 질점으로 보아도 될 만큼 멀리 떨어져 있고, 하물며 서로 부딪치는 사고 같은 것은 도저히 생각할 수 없다. 화성과 목성 사이에 어지럽게 흩어져 있는 소행성 중에는 1968년에 가장 가까이 지구에 접근했던 이카루스라는 기묘한 것이 있어서 태양에 접근하거나 또 다른 행성과 부딪칠 가능성이 전혀 없는 것은 아닌 것 같지만, 여하튼 태양계 내의 충돌 사고는 우선 있을 수 없다고 보아도 된다.

그런데 각 번지수로 지정된 원자 내의 전자궤도에 관하여 구체적으로 전자의 분포 밀도를 조사하여 보면, 설사 n이 다르더라도 각 지점에 있어서 각 궤도의 존재 확률은 상당히 서로 겹쳐져 있다(그림 2-5). 궤도에 따라서는 중심의 원자핵 위에서도 약간의 존재 확률을 가지고 있다. 즉 수소 원자로 말하면 그 속의 전자는 처음부터 양성자와 충돌하고(?) 있다. 만일 전자가 딱딱한 공(球)과 같은 입자였다면 큰일이었을 것이다. 태양계라면 당장 지구가 어떤 확률로 태양 속에 들어가 있다는 것이 된다.

그러나 사실 전자가 이렇게 겹치거나 꽤 넓은 공간에 흩어져 존재하고 있다는 것이야말로 전자의 파동성으로부터 비롯한 중요한 결과인 것이다. 홍길동 같은 일렉트론은 여기서도 변화무쌍한 행동을 보여 주고 있다. 수소 원자는 전자가 하나밖에 없으므로 아직 혼잡이 적지만 우라늄 원자 등에서는 92개의 전자

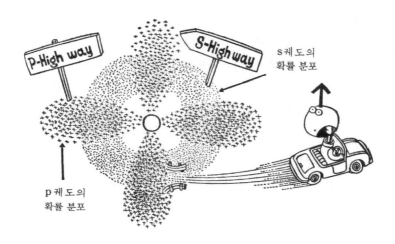

<그림 2-5> 아토믹의 하이웨이(원자 고속도로)는 같은 공간에 겹쳐서 존재한다

가 우라늄 원자핵 주위를 돌고 있다. 그러나 그 전자들은 눈에 보이지 않는 파동으로 몸을 변장하여 거의 같은 공간을 부딪치는 일도 없이 휙휙 돌아다니고 있다.

어떤 공간의 한 점을 취해 보자. 거기는 우연히 a 전자의 확률이 큰 곳이라고 한다. 확실히 거기서는 a 전자가 포획될 확률이 클 것이다. 즉 a 전자에 대한 물질파 진폭의 제곱은 거기서 가장 클 것이다. 그러나 똑같은 공간에서 b, c, d……의 전자도 또한 확실히 존재 확률을 가지고 있다.

따라서 원자핵 주위에 펼쳐진 원자 고속도로는 우리 세계의 고속도로와는 상당히 모습이 다르다. 우리 세계에서는 왕복 도로가 교차하지 않게끔 중앙분리대가 있어서 차가 같은 공간에 동시에 존재하지 않게 되어 있다. 그리고 인터체인지에서는 자동차가 충돌하지 않도록 예의 독특한 회전 방식을 취하고 있다. 그러나 원자 세계에서는 같은 공간을 몇 개의 전자가 동시에 통행하므로 인터체인지를 만들기 위한 아무런 대책도 필요 없다. 전자는 간단히 서로 빠져나가 버리기 때문이다.

마치 이런 상황을 직접 보고 온 것처럼 말하는데 어떻게 그런 것을 알 수 있느냐고 말한다면, 그것은 여러 가지 원자가 내는 빛을 보아서 추측된다고 대답할 수 있다. 전자가 어지럽게 부딪치면 빛의 스펙트럼은 넓게 퍼져서 흐릿하게 될 터인데도, 사실은 지극히 예리한 선으로서 나타난다. 이것은 전자가 결코 충돌하지 않는다는 것을 가리키고 있다.

이 나라의 교통법규

이제 그 내용이 웬만큼 확실해졌을 것이다. 만일 전자를 자동차에 비유한다면 원자 주위에 무수히 있는 독립된 고속도로는 같은 공간에서 교차하더라도 자동차가 충돌하지 않게 되어 있다. 그리고 어떤 고속도로에 자동차가 들어갔을 때 우리는 돌아다니고 있는 차가 어디에 있는가를 일일이 추적하여 알 수는 없지만, 고속도로 전역을 순찰하면 반드시 한 대를 잡을 수가 있다.

고속도로 일부를 순찰했을 때는 그 공간에 있어서의 존재 확률에 따라서 자동차를 잡을 수 있다는 계산이 되고, 잡았을 때는 반드시 한 대가 통째로 잡힌다. 결코 차체나 라이트나 바퀴 등으로 부분적으로는 잡히지 않는다.

그러나 이와 같이 각각 양자수가 지정된 고속도로에 대해서 명확한 곡선을 상상하여서는 안 된다. 왜냐하면 궤도라는 개념은 입자의 그것과 달리, 동시에 파동이기도 한 전자가 통행하

는 길이다. 그것은 공간적으로 퍼진 유한한 공간을 차지하는
것이다. 이 고속도로 체계는 지극히 정연하다. 그래서 앞에서
말한 양자수로서 표시되는 상태 간에 있는 일정한 성질에 대해
서 말하겠다.

제일 먼저 주양자수(n)로 정해지는 부분은 n이 클수록 양성
자와 전자의 평균 거리가 멀어진다. 이미 말한 n=1일 때 그것
은 태양계에 비유하면 수성에 해당하며, 이 상태가 가장 에너
지가 낮다. 따라서 수소 원자 1개의 상태로서는 가장 안정된
상태이다. 사실 수소 원자는 보통 이런 상태에 있다. 이 n이 1
인 궤도를 K궤도라고 부르는 경우도 있다. 그리고 순서대로 n
이 2인 것을 L궤도, 3인 것을 M궤도라고 부른다.

다음으로 궤도양자수(ℓ)에 의해서 정하여지는 몇 개의 특징
이 있다. 여기서 n이 설사 다른 값이더라도 ℓ이 같으면 궤도
는 매우 비슷하다는 점을 강조하여 둔다. ℓ이 제로, 즉 궤도운
동량이 0인 상태의 큰 특징은 중심부, 즉 원자핵이 있는 곳에
상당한 존재 확률을 가진다는 것이다. 이것은 엄밀하게는 수학
을 쓰지 않으면 설명할 수 없으므로 그 결과만을 말하는 데 그
치겠다. 그런 점에서 ℓ이 1, 2, 3……인 궤도와 크게 달라져
있다. 또 ℓ이 제로인 궤도를 s궤도라 하고, ℓ이 1, 2, 3……
으로 커짐에 따라서 p, d궤도 그리고 차례로 f, g, h……라고
이름이 붙여져 있다. 이 이름은 그리 정연한 명명법이 못 된다
고 생각될 것이다. 왜 ℓ이 제로인 궤도가 s이고, 그리고 다음
이 p인지 약간 연상하기 힘들다. 그러나 사실 이 이름에는 선
인들의 피땀 어린 노력이 담겨 있다.

옛날, 수소의 원자 스펙트럼을 연구한 사람들은 아직 양자역

학이 없었던 시대에 살았으므로 정말 장님 코끼리 더듬는 격이었다. 스펙트럼선을 분류하는 데도 이론의 뒷받침도 없이 어떻게든지 정리해야 했다. 이때 매우 예리한 선을 나타내는 일련의 스펙트럼에 'Sharp'의 머리글자를 따서 s라고 이름 짓고, 아주 폭이 넓은 선에는 'Diffuse'란 뜻에서 d를 붙였던 것이다. 이들 선인들의 개척적인 작업이 없었더라면 양자역학의 탄생은 훨씬 늦어졌을 것이다.

그런데 이와 같은 s, p, d……궤도에 관해서는 지금은 궤도 각운동량이 0, 1, 2, 3……이라는 것 이외에는 s만이 원점에서 존재 확률을 가졌다는 것밖에 모른다. 그러나 이윽고 이들 궤도가 물질, 특히 결정의 기본적인 성질을 결정하는 중요한 인자라는 것이 확실하여진다. 그때 다시 이것을 생각하기로 하고 일단 수소 원자의 이야기는 이 정도로 끝내기로 하겠다.

야광시계가 빛을 낼 때

수소 원자의 양자상태에 대한 지금까지의 논의는 물리학에서 말하는 정상상태라는 것의 설명, 즉 변하지 않는 원자상이다. 그러나 전자는 원자 속에서 돌아다니고 있지 않느냐고 말할지 모르나, 이렇게 돌아다니면서 정상파를 만들고 있는 상태가 원자로서의 '안정된 모습'인 것이다. 샐러리맨이 하루 한 번씩 회사와 집 사이를 왕복하는 그것이 그 사람의 '정상상태'라고 말하면 납득이 갈 것이다.

그런데 어떤 조건이 이루어지면 이 전자의 정상상태가 변화한다. 마치 샐러리맨이 전근 명령을 받는 것에 대응하는 것이, 원자의 경우에서는 전자기파(즉, 광자)가 들어왔을 경우이다. 독

자는 형광(螢光)이나 인광(燐光)이라는 것을 잘 알 것이다. 형광
등은 전자의 대표적인 것이고, 야광시계의 문자판이 번쩍이는
것은 후자의 대표이다. 사실 이 현상들은 이제부터 말할 샐러
리맨 전자가 전근한 결과이다.

그런데 4개의 양자수로서 결정되는 전자상태에 안주하여 있
던 전자는 광자가 들어오는 동시에 다른 양자상태로 옮아간다.
다만 여기에는 엄밀한 조건이 필요하다. 결코 함부로 이동할
수는 없다. 월급쟁이들은 제멋대로 자리를 옮겨 다닐 수 없다.

전자에 주어진 이동의 조건, 그것은 우선 에너지 보존법칙에
어긋나지 않아야 한다. 지금 양성자 주위의 전자가 E_1의 에너
지를 가진 상태에 있다고 하자. 들어오는 빛의 에너지 E_0는 플
랑크에 의하여 도입된 유명한 조건

$$E_0 = h\nu$$

로서 정해져 있다. h는 앞에서 한번 설명한 플랑크의 상수이
고, ν는 빛의 진동수이다.

여기서 적용되는 에너지 보존법칙이란 들어온 광자의 에너지
가 원자 내 전자의 에너지 변화와 같다는 것이다. 그러므로 전
자가 다른 양자상태로 이동할 때 그 상태의 에너지를 E_2라고
하면

$$E_2 - E_1 = E_0 = h\nu$$

라는 등식이 성립되어야 한다(그림 2-6).

이와 같은 빛이 닿았을 때 비로소 계 안의 전자는 E_1의 상태
로부터 E_2의 상태로 옮아갈 수 있다. 이것은 앞에서 말한 인광
물질, 예를 들면 손목시계의 문자판이 낮에 빛을 쬐어서 빛이

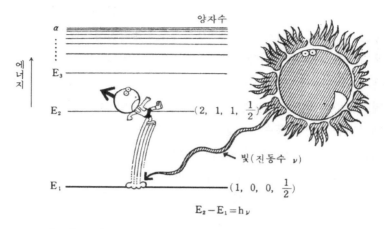

〈그림 2-6〉 E_1 상태에 있던 전자가 E_2 상태로 이동할 때

흡수되는 단계에 해당한다. 반대로 말하면 만약 입사광의 에너지가 E_2의 E_1의 차이와 같지 않으면 전자는 아무런 영향도 받지 않으므로 에너지의 흡수현상은 절대로 일어나지 않는다.

앞에서도 말했듯이 원자 속의 전자상태는 여러 가지여서 그것에 수반하여 많은 에너지상태가 존재한다. 따라서 빛의 에너지(즉 파장)를 연속적으로 변화시켜 보면, 어떤 몇몇 특정한 파장에서 원자는 그 에너지를 흡수하여 보다 높은 에너지준위(準位)로 옮아간다.

그렇다고 전자가 흡수하는 빛에너지가 모든 에너지준위를 넘어설 정도로 훨씬 크면 어떻게 될까? 이때는 전자는 원자핵에서 떨어져 나가 어딘가 먼 곳으로 날아가 버리고 만다. 마치 로켓이 높은 에너지를 얻으면 지구의 속박을 벗어나 우주 공간의 저편으로 사라져 가는 것과 같다. 이것이 수소 원자의 이온

화이다.

다음으로 역과정을 생각하여 보자. 즉 높은 에너지상태(E_2)에 있는 전자가 에너지를 방출하여 낮은 에너지상태(E_1)로 되돌아온다. 이것은 야광시계가 빛을 내는 경우이다. 이때 방출된 빛은 ν의 진동수를 가진다. 이것은 계 밖의 우리가 보면 "원자가 빛을 냈다"라고 말할 만한 것이다. 금방 알 수 있듯이 이때의 에너지는 아까 흡수된 에너지와 똑같은 것이다. 이런 사정은, 이를테면 E_3와 E_2 사이, 또는 E_4와 E_3 사이, 기타 일체의 여러 가지 에너지준위 간에 있어서도 마찬가지다.

이렇게 하여 원자에 대한 빛의 흡수와 발광(發光)의 스펙트럼을 관찰하면, 전자의 여러 가지 에너지준위 사이의 이동에 대응하는 수많은 선스펙트럼이 관측된다. 이것은 수소 원자에 한하지 않고 일반 원자, 분자에서도 말할 수 있는 일이다. 원자 또는 분자에는 특유한 에너지준위가 있어서 이것들의 조합으로 특유한 빛을 내게 된다. 따라서 이런 빛을 내고 있는 것의 스펙트럼을 분석하면 그 속에 있는 원자나 분자의 존재를 확인할 수 있다. 화학에서 발광분석(發光分析)이라는 기술이 있는데, 이 원리를 이용한 것이다. 붉게 빛나는 태양이 지구와 같은 원소를 많이 포함하고 있다는 사실을 알게 된 것도 이 스펙트럼 분석에 의한 것이었다. 또 수억 광년 떨어진 우주 저편의 별이나 성운(星雲) 속의 물질을 조사하는 데에도 사용된다. 우리 일상에 친근한 것으로는 창백하게 빛나는 수은등, 고속도로의 터널이나 비행기에 쓰이는 황색의 나트륨 등이 각각 그 원자 특유의 발광 스펙트럼을 이용하고 있다.

원자가 빛나다

그런데 원자, 분자 내의 전자의 이동에 관한 에너지 보존법칙이 만족되기만 하면 빛은 반드시 원자에 드나들 수 있을까? 답은 노(No)다. 그러면 어떤 조건이 덧붙여지느냐 하면, 우선 각운동량이 보존되어야 하는 것이다.

이것은 앞에서 본 바와 같이 전자의 각운동량을 나타내는 양자수가 있다는 것으로부터 추측될 수 있겠지만, 전자는 선택적으로 이동한다. 즉 에너지가 정확히 들어맞는 빛이 들어와도 반드시 전자가 에너지준위 사이를 이동하지는 않는다. 이것을 천이(遷移)의 선택법칙이라고 한다. 즉 각운동량, 양자수(ℓ)가 하나만 변화하는 이동만이 허용된다. 정확히 말하면 이외에도 여러 가지 조건 아래서 전자가 이동하는 가능성이 있지만, 여기서는 가장 중요한 것만을 말하겠다.

전자는 선택법칙을 가졌다는 것을 샐러리맨의 이동에 비유한다면 서울을 떠날 수 없다는 등으로 억지를 부리는 일 같은 것은 샐러리맨 쪽에서 내놓는 선택법칙이다. 한편 회사 측에서는 평사원은 계장으로, 계장을 과장으로 승진시키는 등의 선택법칙을 원칙으로 하여 적용한다. 원자가 ℓ을 하나만 바꾸는 것과 비슷하며, 평사원이 부장으로, 말하자면 ℓ이 0에서 3으로 껑충 뛰어오르는 것 같은 일은 좀처럼 일어나지 않는다. 그런데 ℓ이 둘 이상 변화하는 따위의 예외가 일어나는 경우도 있으므로 인간 사회와 마찬가지로 자연도 섬세하고 심오하다고 하겠다.

그런데 원자가 빛을 낼 때 에너지와 각운동량만이 보존되면 그만이냐 하면, 아직 조건은 완전하지 못하다. 그 밖에도 전자의 원운동량이 보존되어야 한다. 그러나 이것은 실제 문제로서는 별로 생각하지 않아도 된다.

앞에서 파동은 운동량을 가지며 따라서 충돌하면 반발된다고 말하였지만, 원자가 빛에너지를 흡수하였을 때 그 빛이 가졌던 운동량은 당연히 이번에는 원자가 가져야 한다. 따라서 원자는 어떤 속도를 가지고 운동해야 한다. 그러나 이 양은 매우 적어서 원자 본래의 운동량과 비교하면 무시하여도 될 정도이다.

그러나 이 운동량이 보존되어야 한다는 사실은 의외의 곳에서 그 중요성을 드러낸다. 약간 수준이 높은 이론이어서 이 책에서는 나오지 않지만 뫼스바우어(Mössbauer) 효과라는 것이 있다. 이것은 빛〔이때는 감마(γ)선이지만〕의 출입에 있어서의 운동량 보존이 얼마나 중요한가를 새삼 인식시켜 주었다. 이 효과를 사용하면 원자핵스핀이 물질 속에서 하는 역할이 매우 분명해진다.

이것으로 원자가 빛을 흡수할 때나 방출할 때의 조건이 다 나왔다. 즉 에너지의 보존, 운동량의 보존, 각운동량의 보존으로 세 가지이다. 빛과 원자를 포함하는 계 내에서 이 조건이 만족되면 빛과 원자의 교류가 일어난다. 이것은 반응이 진행된다고 말하여도 된다. 만일 독자가 역학지식이 약간만 있다면 "아니, 이 세 조건은 역학계에서 운동을 일으키기 위한 조건과 똑같지 않은가?"라고 말할 것이다. 사실 그대로이다. 양자역학은 마이크로 세계의 역학이다. 그리고 현상을 이렇게 간단한 법칙으로 기술하는 것이 가능하여졌을 때 물리학은 완성되었다고 말할 수 있다.

우리는 지금부터 물성적 제현상을 여러 가지로 관찰하게 된다. 그러나 어떤 경우에도 반응이 진행한다는 것은 마이크로 세계의 세 가지 보존법칙이 반드시 성립된다는 것이다. 이것을 명확히 인식하는 것이 자연의 본질을 추구하는 근본이라는 것을 기억하여 주기 바란다. 물성 물리학의 대상은 무한하다. 물질이 무한히 변화하여 가기 때문이다. 그러나 그 기본 원리라고 불리는 것의 하나가 '반응하는 계의 3보존법칙'이다.

심술궂은 파울리

이야기가 수소를 떠나서 일반적인 원자로 옮겨 가더라도 큰 줄거리는 수소 원자 그대로이다. 그러나 수소 원자와는 다르게 전자가 2개가 되면 벌써 문제를 완전히 풀 수 있다. 물리의 세계란 매우 지독한 것이다. 왜 완전하게 풀리지 않느냐면, 전자 간의 반발력을 새로이 고려해야 하는데 그렇게 하면 어려워져서 풀 수가 없기 때문이다. 이것은 태양계에 있어서 태양과 지구에 국한시켜 그 운동 문제를 풀면 완전한 해답이 얻어지지만 다른 행성, 예를 들어 목성의 영향을 생각하면 이미 풀 수 없게 되는 것과 비슷하다. 지구와 목성 사이의 인력이 계산을 어렵게 만들어 버린다. 그러나 전자의 수가 많아져서 이야기가 어려워지는 것은 양자상태의 에너지 등을 정확하게 계산하기 어렵기 때문일 뿐 이론적 과정은 분명하다. 따라서 수소 원자에서의 사고방식을 사용하여 더욱 새로운 사실도 여러 가지 알 수 있는 것이다. 다음에 그 요점을 확실히 해 두겠다.

여기서 중요한 것은 전자의 양자상태에는 엄격한 정원제가 실시되어 있다는 것이다. 즉 앞에서 말한 4개의 양자수 n, ℓ, m, s로서 정해진 자리에는 단 1개의 전자밖에 들어갈 수 없

맨션
애텀

n가 3 이상 밖에 비어 있지 않군

〈그림 2-7〉 파울리의 원리(전자의 정원제는 엄격하다)

다. 이것은 파울리에 의하여 발견된 원리로서 '파울리의 배타원리(排他原理)'라고 불린다. 간단하게 말하면 양자수 네 자리의 번호로서 결정되는 자리에는 각각 1개밖에 전자가 존재하지 않는다는 것이다.

이 정원제를 좀 더 자세히 살펴보면 n이 1인 궤도는 ℓ =0(즉 s궤도), m=0으로 각각 한 가지 방법밖에 없으며 스핀만이 상향, 하향의 두 가지이다. 결국 n이 1인 궤도전자의 번호는 (1, 0, 0, 1/2)과 (1, 0, 0, -1/2)의 둘로, 즉 정원이 2명이다. n이 커지면 ℓ, m도 여러 가지 값을 취하게 되어 조금 귀찮게 되지만 결론을 말하면, n이 2인 궤도의 정원은 8, n이 3인 궤도는 정원 18이다. 이 정원을 지키면서 에너지가 낮은 준위로부터 순차적으로 전자를 넣어 가면 일반 원자가 되는 것이다. 이것으로 원소의 주기율표(周期律表)가 잘 설명되어 원자의 스펙

트럼 구조를 비롯하여 여러 가지 원자의 다양한 성질이 모두
명쾌하게 설명되었다. 양자역학은 수소로부터 우라늄은 물론
인공원소까지를 설명할 수 있게 되었다.

3. 원자에서 물질로

중학생에게 쩔쩔매다

2장에서 독자와 함께 보아 온 색다른 소묘, 그것은 양자역학이 처음으로 그려 낸 원자의 내부 구조였다. 기원전 400년, 그리스의 데모크리토스가 대담하게도 주장한 원자설은 물질의 구성단위가 최종적으로는 쪼갤 수 없는 원자라는 소박하고 직관적인 생각이었지만, 이윽고 19세기 초 돌턴에 의하여 원자 및 분자설이 나타났다. 그러나 그때까지는 원자가 이 이상 더 분할할 수 없는 것으로 이해되어 왔었다. 그러나 지금 우리는 그 긴 탐구의 역사를 단번에 뛰어넘어 원자의 내부가 어떻게 되어 있는가를 관찰할 수 있게 되었다.

그러나 원자의 비밀이 밝혀졌다고 하여도 일상생활에서 볼 수 있는 여러 가지 물질은 단순히 원자가 모여서 이루어졌다는 것만으로 쉽게 이해될 수 있을까? 답은 노(No)이다. 그리고 이와 같은 물질 집합의 비밀에 관한 기초적인 이해에 이름으로써, 다시 새로운 물질을 만들어 내거나 실용에 제공할 물질을 탐구해 가는 것이 우리의 다음 목적이다.

우선 극히 간단한 예로부터 시작하자. 수소 원자는 반드시 수소 분자를 만든다. 즉 이것이 수소의 안정된 상태인 것은 중학생도 알고 있다. 그러나 이 소년이 만일

"수소 원자는 전기적으로 중성인데도 어째서 2개가 모이나요? 왜 원자가 하나씩 떨어져 있는 것보다 2개가 모여 수소 분자가 된 것이 안정합니까?"

하고 묻는다면 어떻게 대답하여야 될까?

즉 본질적인 문제는 수소 원자끼리 그냥 멍하니 가까이 있는

것이 수소 분자가 아니라는 사실이다. 이것은 2개의 원자가 서로 변화하여, 좀 더 자세히 말하면 전자상태를 고쳐서 결합한다고 생각하지 않는 한 대답이 나오지 않는다. 분할할 수 없는 원자를 나란히 둔 것만으로는 해결되지 않는 문제인 것이다.

소박하기 때문에 정곡을 찔렀다고 할 수 있는 질문이 계속된다.

"수소 원자는 2개씩 모여서 분자를 만들지만, 철은 원자 2개를 가져와도 철 분자를 만들지 않습니다. 다만 무수한 원자가 연결될 뿐이라고 합니다. 그러면 마찬가지로 중성 원자를 가지고서 어떻게 한쪽은 분자를 만들고, 한쪽은 무한히 연결된 결정을 만드는 것입니까?"

만일 당신이 고전적 원자론자로서 원자가 이 이상 분해될 수 없는 최소 단위라는 입장을 고집한다면 이 질문에 대답할 수 없을 것이 확실하다. 이런 문제에 답하는 유일한 길은 원자가 서로 접근할 때 원자를 구성하고 있는 전자에 어떤 변화가 나타나는가를 규명하는 길밖에는 없다. 그러므로 우리는 예를 들어 마이크로 세계의 훌륭한 안내자인 양자역학과 함께 물리학의 울창한 숲으로 들어가서 이 문제의 해결에 이르는 길을 찾아가기로 하자.

상자에 담은 복숭아

잘 익은 복숭아가 있다고 하자. 맛있겠다고는 생각하면서도 아직 손은 대지 않았으므로 상자에 담긴 채로 있다. 왕성한 상상력을 발동하면서 가만히 들여다보고 있으면 이윽고 그 복숭아가 원자로 보인다……. 이것이 이야기의 발단이다.

76

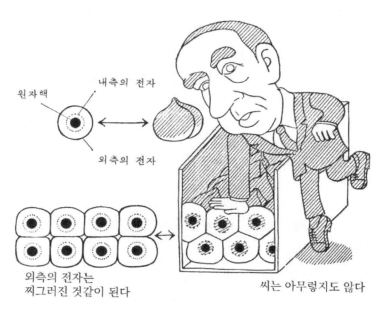

원자핵
내측의 전자
외측의 전자

외측의 전자는
찌그러진 것같이 된다

씨는 아무렇지도 않다

〈그림 3-1〉 코어전자는 건재

원자가 모여들어서 분자나 결정 등을 만들 때 우선 알아 두
어야 할 것은 원자가 입고 있는 전자라는 옷은 안쪽일수록 딱
딱하다는 것이다. 그러므로 그것이 결정을 만들 때의 사정은
복숭아를 상자에 채워 넣는 것과 같은 일이다. 물론 원자핵은
지극히 작고, 원자 중심에 들어 있으므로 이것은 별도로 한다.
예를 들어 지금 2s의 궤도(주양자수 n=1, 궤도양자수 ℓ=0)에 전
자가 1개 있는 리튬(Li) 원자를 '상자에 채워 넣기'로 한다. 이
원자의 1s궤도는 +1/2과 -1/2의 스핀을 가진 전자로서 만원이
다. 이 만원인 궤도는 바로 복숭아의 딱딱한 씨에 해당하는 것
이다. 왜냐하면 복숭아를 상자에 채웠을 때, 바깥쪽의 껍질이나

과육은 찌그러져 버려도 씨는 엄연히 그대로 남아 있기 때문이다. 1s궤도에 한하지 않고, 예를 들면 2p궤도까지(즉 n=2, ℓ=1) 만원으로 3s에 1개의 전자를 갖는 나트륨 원자의 경우 등에서도 사정은 같아서, 1s로부터 2p까지 10개의 전자는 딱딱한 심(芯)이라고 보아도 된다. 즉 결정을 구성하고 있는 원자에서는 내부에 딱딱한 전자각(電子殼, 핵이 아니다)을 가지고 있다. 이것을 우리는 내부의 코어(Core)전자라고 한다(그림 3-1). 이것에 반하여 바깥쪽에 있는 외각전자(外殼電子)의 궤도는 결정을 만들 때 뒤죽박죽이 되어 버려 벌써 이전과 같이 1개의 수소 원자를 가지고 나와서 정한 전자상태로 지정할 수 없는 경우가 많다. 외각은 꼭꼭 다져 넣은 복숭아의 과육처럼 되어 버린다. 이럴 경우 바깥쪽에 있던 전자는 복숭아와는 달리 어떤 상태가 될까?

원자가 다가들다

복숭아의 씨 부분에 해당하는 내부 코어의 전자는 물속 깊이 숨어 있는 호수의 요정처럼, 외각전자라는 작은 물고기가 수면에서 파닥파닥 뛰어도 움쩍달싹도 하지 않는다. 원자 자체가 안쪽에 몇 개의 딱딱한 코어를 가지고, 바깥쪽에는 부드러운 코어를 가졌다는 이런 모형은 원자의 각구조(殼構造)라고 부른다. 이것은 보어가 생각해 낸 것이다.

그런데 깊숙이 잠겨 있는 코어가 좀처럼 밖으로 나오지 않는다면, 다음 문제는 바깥쪽을 돌고 있는 전자군, 즉 외각전자이다. 원자와 원자의 거리가 차츰 가까워지면 수면의 물고기라고 할 수 있는 외각전자는 어떤 반응을 나타낼까?

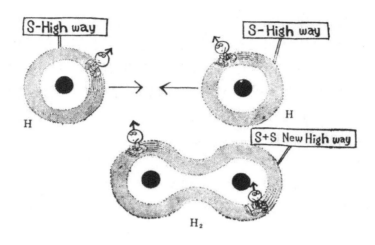

〈그림 3-2〉 수소 분자의 생김새

우선 크게 나누어 두 가지 반응을 나타낸다. 하나는 몇몇 원자끼리가 오붓하게 통합하여 분자를 만들 경우이고, 또 하나는 서로 결합은 하지만 유한한 개수에 그치지 않고 어디까지나 계속 결합해 나가는 경우이다. 여기서 후자가 결정을 이룰 때의 기본적인 반응이다.

우선 분자의 경우부터 생각해 보자. 가장 간단한 것은 수소 분자인데, 이것에는 코어전자가 없다. 여기서 각 수소 원자에 속하는 전자가 이른바 외각전자로서 이웃 원자와 결합한다.

2개의 수소 원자가 접근하면 각 원자의 전자는 더 이상은 그때까지 있던 안정된 궤도에 있을 수 없게 된다. 왜냐하면 바로 곁에 이웃 원자의 궤도가 접근하고 있어서 거기에 있는 전자가 부단히 이쪽으로 꼬드겨 오기 때문이다. 이러면 2개의 수소 원

자는 서로 궤도를 제공하여 가면서 서로를 위한 새로운 고속도
로를 다시 만든다. 이것을 혼성궤도(混成軌道)라고 한다. 그리고
완성된 새 고속도로에는 전자를 각각 하나씩 모두 2개가 들어
간다(그림 3-2).

이렇게 하여 생긴 분자의 에너지는 2개의 원자가 흐트러져
있을 때보다 훨씬 낮아지고, 따라서 안정하게 된다는 것을 처
음으로 밝힌 사람이 당시 스위스의 취리히(Zürich)에 있던 하이
틀러 및 영국의 론돈이었다. 1927년의 일이다. 계산은 어렵지
만 나온 결과는 무척 명료하였다. 중학생의 첫째 질문, "왜 수
소 분자가 안정하냐?"에 대해서는 이 두 사람이 대답한 것이
된다. 화학에서 잘 나오는 공유결합(共有結合)이라는 생각의 시
작이었다.

그러나 분자가 되지 않고 길고 큰 결정이 되는 편이 안정하
여지는 다른 물질에서는 그 전자구조가 어떻게 되어 있을까?
이것이 다음번 문제이다.

마이크로한 밴드

우선 그 구성 요소인 원자가 제각각으로 멀리 넓게 흩어져
있는 상태로부터 이야기를 시작하다. 그런 예로서는 리튬 원자
를 선택하는 것이 좋을 것이다. 왜냐하면 리튬은 가장 간단한
전자구조를 가진 금속이기 때문이다.

무수한 리튬 원자를 서로 먼 곳으로부터 점점 접근시키면 딱
딱한 코어전자(이 경우는 $n=1$인 궤도에 있는 2개의 전자)는 거의
그대로이고, 그 바깥쪽에 존재 확률을 많이 가진 원자 1개당
외각전자 1개가 서로 중합되게 된다. 이 외각전자는 당초 $n=2$,

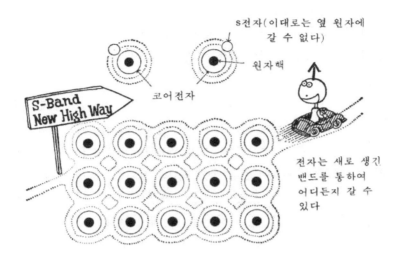

〈그림 3-3〉 리튬의 s궤도는 s밴드가 된다

l =0의 s전자로서 이 2s궤도의 옆 부분이 서로 닿게 된다.

앞에서 원자 내의 전자는 같은 공간에 동시에 존재하더라도 서로 충돌하지 않는다고 하였지만, 그것은 어디까지나 같은 원자 내에서 보장되어 있는 일이지 다른 원자와 포개질 경우는 별도이다. 그러면 각 원자의 2s전자궤도가 중합된다고 하는 것은 2s전자로서는 큰 야단이다. 이번에는 충돌이든 무슨 일이든 일어나지 않으면 안 될 것이다.

그래도 코어전자는 그대로인 채로 우선 각 원자는 서로 각자의 2s궤도를 제공한다. 그리고 각 원자 간에서 궤도를 재편성하고 서로 왕래할 수 있는 새 궤도를 만든다. 이것을 고속도로에 비유하면 원자 내의 이른바 도시의 환상선(環狀線, 루프선)에 비유할 수 있다. 이것에 대응하여 재편성된 궤도는 서울-부산 사이의 고속도로와 같은 '도시를 잇는 고속도로'이다(그림 3-3).

이 새로운 고속도로에는 두 가지의 큰 특징이 있다. 하나는 재료로 원래의 원자가 가지고 있는 궤도를 사용하고 있다는 점이다. 예를 들면 리튬은 2s의 궤도가 새 고속도로의 근본이 된다. 따라서 이 고속도로를 통행하는 전자는 역시 궤도양자수 $\ell = 0$의 's전자적'일 것이 요구된다. 이 전자가 바로 원자의 중간에 있을 때는 차치하고서라도, 어떤 특정 원자에 접근하였을 때는 s궤도의 특징을 반영하여 역시 그 원자핵의 가까이는 존재 확률이 클 것이다. 또 외각전자가 만일 $\ell = 1$의 p전자라면, 이것은 p의 전자궤도를 연결한 고속도로를 만들고, 변함없이 'p전자적' 성격을 가지고 있게 된다.

새 고속도로의 또 하나의 성질은 궤도가 훤하게 트여 있다는 점이다. 그러나 '공간적'으로가 아닌 '에너지적'인 너비가 있어서, 에너지가 높아 빨리 달리는 전자이든 반대로 에너지가 낮아 느리게 움직이는 전자이든 다 같이 새 고속도로를 달릴 수 있다는 것이다. 이미 보아 왔듯이 1개의 원자 속의 전자가 안정되기 위하여서는 핵 주위에 정연한 정상파를 이루어야 했다. 따라서 그 파장, 즉 전자의 에너지도 명확하게 정하여져 있었다. 이것에 대응하여 전자가 특정의 원자에서 떨어져 나가 원자 간을 달릴 경우에는 속도 제한도 완화되어 빨리 달리거나 천천히 가도 된다.

이와 같이 새 고속도로를 달리는 전자의 에너지 제한이 완화되고, 어떤 범위의 너비를 가지게 되므로 지금까지처럼 궤도 위에 있는 전자의 에너지는 어떤 일정한 값을 취하는 것이 아니라 너비를 가지게 된다. 이것을 밴드구조라고 부른다(결정 속의 전자궤도의 큰 특징이다). 예를 들면 리튬 원자가 배열하여서 이루어지는 물질에서는 s밴드라는 새로운 고속도로를 단일 원자일 때의 2s궤도전자가 돌아다니게 된다.

이 밴드를 통행하는 전자는 이미 특정 원자에 속박되지 않으므로 결정 표면에서 되튕겨 올 때까지는 결정 속을 마음대로 돌아다닐 수 있다. 이것이 전혀 불순물이 없고 결함도 없는 이상적인 금속의 결정상태이다. 같은 모양으로 p궤도는 p밴드를, d궤도는 d밴드를 구성한다. 그리고 이런 전자궤도의 밴드구조가 고체 내의 전자 행동에 대한 기본적인 생각이다.

그런데 수소 분자와는 사정이 다르지만, 전자가 밴드 속을 돌아다니는 상태가 되면 전체의 에너지가 훨씬 낮아지고 그 결정은 안정하게 된다. 즉 아무렇게나 흐트러진 원자상태보다도 훨씬 안정된 상태가 되는 것이다. 구체적으로 예를 들면 수소가 결정이 되느냐 분자가 되느냐를 결정하기 위해서는 이 두 가지의 상태를 계산상으로 만들어 보아서 어느 쪽이 에너지가 낮은가를 구하면 된다. 그 결과 수소에서는 분자, 리튬 등에서는 결정이 되는 편이 안정하다는 것을 알 수 있다.

금속과 비금속의 차이

앞에서는 무엇이든지 고체를 만들면 금속이 되어 버리는 것이 아닌가 하는 의문을 갖게 될 사람이 있을지도 모른다. 코어전자를 제외한 외각전자는 밴드라는 종단 도로를 사용하여 마치 고체 내를 자기 집처럼 뛰어 돌아다닐 것 같다. 모든 고체에 전기가 통한다면 어떻게 될까? 그렇다면 큰일이다.

그러나 걱정할 필요는 없다. 밴드가 있더라도 전기가 통하지

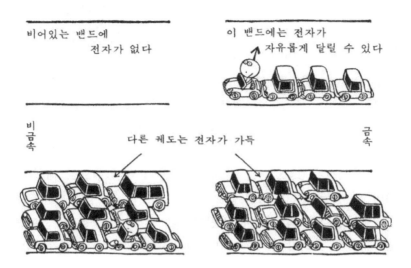

〈그림 3-4〉 금속과 비금속의 차이

않는 물질은 만들어진다. 독자는 전자궤도의 정원제에 대한 이 야기를 기억하고 있겠지만, 이 정원제는 밴드 속에서도 엄격히 지켜진다. 도대체 밴드가 어떻게 하여 만들어지는가를 돌이켜 보면, 예를 들어 s밴드를 만들 때 각 원자는 자신의 s궤도를 제공하여 공유의 s밴드라는 궤도를 만들었다. 본래 s궤도에는 2개의 전자(+1/2, -1/2 스핀상태의)를 수용하는 능력밖에 없었으 므로 N개의 원자가 만든 s밴드는 2N의 전자 수용 능력밖에 없을 것이다.

그래서 전체 외각전자의 수가 얼마나 있었는가를 생각하여 보면, 리튬에서는 한 원자당 1개이므로 전체의 외각전자는 N 개이다. 그러면 s밴드에는 2N의 자리에 대하여 N개의 전자가 들어 있으므로 꼭 절반의 자리가 비어 있게 된다. 이것이 금속이 될 수 있는 중요한 조건이다. 왜냐하면 s밴드에 들어 있는 전자가 자유롭게 돌아다니기 위해서는 반드시 비어 있는 상태가 준비되어 있어야 하기 때문이다.

한 번 더 s밴드를 고속도로에 비유하면 금속에서는 이 고속도로에 비어 있는 곳이 있게 된다. 예를 들어 리튬에서는 꼭 절반이 비어 있다. 즉 2차선이라면 1차선이 가득 차서 움쩍달싹할 수 없지만, 나머지 1차선은 텅텅 비어 있다. 전기를 전달하는 전도전자(傳導電子)는 이 밴드에 빈 곳이 있음으로 해서 움직일 수 있는 것이다(그림 3-4).

그렇다면 밴드의 정원이 완전히 찼다면 어떻게 될까? 그때는 고속도로가 초혼잡 상태가 되어 전자는 움직일 수도 없게 되어버린다. 이것이 비금속, 예를 들어 이온결정, 분자성결정(分子性結晶), 또는 반도체(다만 충분한 저온에서) 등의 경우이다. 이들 결정의 대표적인 예를 들어 다음과 같이 생각하여 보자.

모든 결정 중에서도 대표적인 결정이 몇 가지 있다. 그중에서 전기가 통하지 않고 가장 간단한 구조를 가진 것이 이온결정이다. 그 한 예로서 염화나트륨(NaCl), 즉 소금을 들자.

나트륨은 $(1s)^2$, 즉 s궤도에 2개, 마찬가지로 $(2s)^2(2p)^6$로 전자 8개, 모두 열 개의 코어전자를 가진 외에도 $(3s)^1$, 즉 3s궤도에 1개의 전자를 가지고 있다.

한편 염소는 $(1s)^2$ $(2s)^2$ $(2p)^6$ $(3s)^2$의 코어전자에 $(3p)^5$, 즉 3p궤도에 5개의 전자를 가지고 있다. 그러나 3p궤도는 원래 6개를 넣어야 안정되는 궤도이므로 하나 더 가지고 싶어 한다.

한편 나트륨의 1개의 외각전자는 짝도 없이 외톨이가 되어 밖으로 나가고 싶어 한다. 그래서 이 두 종류의 원자가 접근하

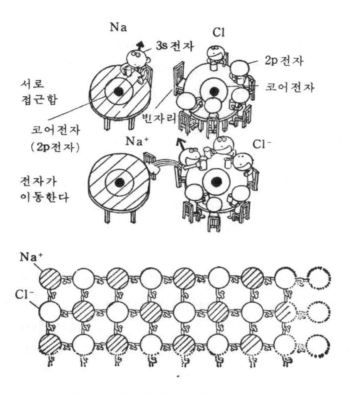

〈그림 3-5〉 소금(이온결정)이 되기까지

면 나트륨 원자는 염소 원자에 전자를 주어 버린다. 즉 Na는 Na$^+$, Cl은 Cl$^-$가 된다. 그러면 Na$^+$와 Cl$^-$은 정전기적으로 끌어당기므로 서로 모여들어서 소금(Na$^+$Cl$^-$)을 구성한다(그림 3-5).

이때 밴드구조는 어떻게 되는가를 생각해 보면, 두 이온이 모두 p궤도까지 만원이므로 이 궤도를 연결하여 p밴드를 만들어도 이미 빈자리는 없다. 또 p밴드 위에 있는 s밴드를 생각하여 보면 이 밴드에는 이번에는 전자가 1개도 없다. p밴드와 s 밴드의 에너지는 크게 다르기 때문에 p밴드를 가득 채우고 있는 전자가 s밴드에 돌아다닐 수는 없다. 이렇게 하여 소금에 전기가 흐르지 않는다는 안심되는(?) 결과가 얻어진다.

같은 방법으로 생각하여 다음에는 분자성결정(分子性結晶)이라고 불리는 것에 대하여 고찰해 보자. 간단한 예로서 네온(Ne)을 생각한다.

네온 원자는 $(2p)^6$, 즉 p궤도에 가득 찬 전자를 가지고 있다. 이것은 마이너스 249℃에서 고체가 되는데 이때에는 소금과 같이 2p밴드는 만원이고 3s는 비어 있으므로 역시 전기는 흐르지 않는다.

덧붙여 말하면, 같은 전자구조인데도 소금은 어째서 800℃라는 높은 온도에서 녹고, 네온은 어째서 매우 낮은 온도에서 녹는 것일까? 이것은 이온결정에서 이온의 정전(靜電)에너지가 물질의 중요한 결합력인 데 비하여 분자성결정은 정전에너지보다 훨씬 약한 힘, 판데르발스(van der Waals)의 힘으로 결합되어 있기 때문이다. 그리고 소금과 같은 정전에너지가 지배적인 물질을 이온결정이라고 한다.

또 분자성결정이라는 말의 뜻을 약간 설명하면, 사실은 일반 분자가 결정을 만들 때의 결합력이 네온 때와 같은 판데르발스 힘인 것에 기인하고 있다. 예를 들면 수소 분자가 저온에서 고체가 될 때가 그렇다. 분자성결정이라는 것은 분자를 구성하고 있는 결합력은 아주 세지만 분자와 분자는 느슨하게, 말하자면 소프트 터치로 결합되어 있다. 이것에 반하여, 이온결정에서는 전체 원자가 착 들어붙어 있다고 할 수 있다.

4개의 다이아몬드의 손

다음으로 공유결합이라는 사고방식에 관하여 설명하여 보자. 이 결합 방식은 사실은 앞에서 말한 수소 분자의 하이틀러-론돈 모형의 그것인데 분자의 경우에는 거의 적용되어 화학자가 큰 관심을 가지고 있는 것이다. 이것이 물성 물리의 결정 분야에서는 다이아몬드, 실리콘, 저마늄과 같은 반도체의 결합에너지의 주역이다. 즉 결합력은 이온결정과 같은 전기적 인력도 아니고 금속의 경우와도 다르다.

다이아몬드는 반도체가 아니라고 말할 사람이 있겠지만, 특성이 약간 다를 뿐이지 본질적으로는 차이가 없다. 탄소는 $(1s)^2 (2s)^2 (2p)^2$의 전자구조를 가진 원소이다. $(1s)^2$는 코어전자이므로 생각하지 않기로 하고, 나머지 4개의 전자가 고체를 만들 때 어떻게 되는가를 조사하여 보자. 다이아몬드 구조라는 것은 탄소가 4개의 팔을 뻗어서 이웃 탄소와 결합하여 있다는 것인데, 이때의 전자 구조는 다음과 같다.

우선 2s와 2p의 궤도를 생각하자. 스핀을 생각하지 않으면 2s에서 1개, 2p에서 3개의 궤도(양자수 m=1, 0, -1)를 가지고 있는데, 이 합계 4개의 궤도를 섞는다. 즉 수소 분자에서 2개의 원자의 s궤도를 섞은 것처럼 한다. 그리고 이웃의 탄소 원자를 향하여 전자가 이어져서 분포하게끔 궤도를 만든다. 원래 4개였던 전자궤도로부터 짜임이 바뀐 4개의 새로운 궤도를 만드는 것이다. 물론 이웃 원자도 그렇게 한다. 그리고 1개의 궤도에 대하여 각 원자로부터 전자가 1개씩 공급되고, 이 2개의 전자가 들어간 궤도 내의 전자스핀은 +1/2, -1/2로서 둘은 결합하여 안정하게 되어 버린다. 즉 원자끼리는 새로운 조합의 전자가 통행하는 길이 중복이 되어서 결합한다. 이것이 공유결합이다. 이 말의 의미는 각 원자로부터 공급된 전자가 쌍을 이루고, 그것이 마치 원자 사이에서 공유된 상태에 있다는 사실로부터 나왔다.

밴드의 입자에서 보면 이들 s와 p로서 이루어진 궤도전자는 결정 속을 움직이지 않는다. 이렇게 보면 이 결정은 이온결정과 마찬가지로 보인다. 어째서 반도체라는 이름처럼 반만 통하는 도체가 될까? 이 이야기는 다음에 다시 다루겠다.

이와 같은 고체의 생성 방식에 덧붙여 수소결합이라는 것이 있다. 예를 들면 물이 결정으로, 즉 얼음이 될 때의 결합 방식인데, 이것은 원소 속에서 가장 가벼운 수소 특유의 결합 방식이라고만 말하여 둔다. 이 방식은 화학 분야에서는 빼놓을 수 없는 중요성을 가지고 있으므로 관심 있는 사람은 이 분야의 책을 한번 읽기를 권장한다.

4. 결정의 세계

생각에 잠긴 라우에

우리의 일상생활에서 가장 가까운 식탁에다 마이크로한 눈을 돌려 보자. 깨끗이 씻은 컵에 들어 있는 물은 잘 아는 바와 같이 무수한 원자의 모임이다. 즉 1개의 산소 원자와 2개의 수소 원자가 강하게 결합되어 있으나 분자 간에는 결합력이 약하다. 그러나 같은 유리그릇에 들어 있어도 소금은 물의 경우와는 사정이 다르다. 원자와 원자의 결합은 어디까지나 계속되어 결정을 만들고 있다. 또 접시 속에서 무럭무럭 김을 내고 있는 반찬의 동식물성 단백질은 극히 많은 분자가 연결된 고분자로서 이것은 이 책에서 다룰 범위 밖의 것이다.

그런데 이러한 원자결합의 방법에 대하여서는 원자 바깥쪽에 있는 전자가 중요한 열쇠를 쥐고 있다는 것은 이미 앞에서 잘 이해했으리라 생각한다. 그러나 물질의 마이크로한 구조를 생각하는 경우에는 아직도 문제가 남아 있다. 혹은 벌써 독자는 의문을 가지고 있을지도 모르겠지만, 원자가 물질 속에서 어떻게 입체적으로 배열되어 있느냐 하는 의문이다. 우리가 밤하늘을 쳐다볼 때에는 끝없는 어둠 속에 무수한 별이 쏟아질 듯이 반짝이고 있다. 물질 속의 원자는 과연 이 별들처럼 공간에 뿌려져 있는 것일까? 될 수 있으면 들여다보지 못한 이 세계에 잠입하여 마이크로한 우주를 한번 보았으면 싶다.

여기서 우리는 이야기를 고체, 특히 결정체에 한하기로 하자. 고체라고 하여도 여러 가지가 있어서 크게 나누면 우선 결정을 만드는 것과 결정을 만들지 않는 것으로 나누어진다. 소금 병을 예로 들면 소금은 결정이고, 병의 유리는 결정이 아니다.

결정이란 원자가 질서 정연하게 배열되어 있는 경우로서 오

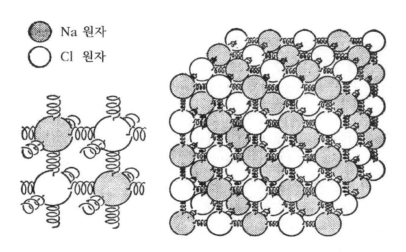

<그림 4-1> 소금(NaCl)의 결정

늘날의 물성 물리학은 주로 이 결정체를 다루고 있다. 왜냐하면 결정이 아닌 비정질(非晶質)이라고 불리는 물질은(대표적 예로서는 유리) 그 구조가 매우 복잡하여 앞으로는 어떨지 모르지만 현재는 엄밀한 연구가 불가능하기 때문이다. 따라서 비정질의 연구라고 하면 물리적인 엄밀성은 미루어 두고 실용에 중점을 둔 연구나 화학 성분의 연구 등이 되고 말아서, 특별히 마이크로한 기구는 유감스럽게도 아직 들여다볼 수가 없다. 그러므로 우선 정연한 결정체가 주된 연구 대상이 된다.

원자가 질서 정연하게 배열한다는 것은 무슨 뜻일까? 그것은 공간적으로 반복되는 구조를 가지고 있다는 것이다. 가령 간단한 결정을 들여다보자. 그것은 단순입방격자(單純立方格子)라고 불리는 것으로, 주사위를 정연하게 쌓아 올려 놓고 각 주사위의 꼭짓점에 해당하는 위치에 원자의 중심을 놓은 것이라고 생각하면 틀림없다. 잘 알고 있는 소금(염화나트륨)이 바로 이런 구조를 가지고 있다.

〈그림 4-1〉을 잘 보면 나트륨 원자의 이웃은 모두 염소 원자이고, 반대로 염소의 이웃은 나트륨이다. 그리고 하나 건너서 같은 원소의 원자가 배열하여 무한히 반복되어 있다. 결정이 이와 같이 정연하게 배열된 원자로서 이루어져 있다는 것을 처음으로 밝힌 사람은 라우에와 브래그이다. 그들은 결정에 X선을 쬐였을 때 결정으로부터 반사되어 나오는 X선이 어떤 규칙적인 분포를 하는 것을 알아냈다. 도대체 그것이 무엇을 나타내는 것일까? 실험 데이터를 노려보면서 우선 라우에는 깊이 생각에 잠겼다.

파동의 환상

X선은 전자기파이므로 파동이다. 라우에는 우선 이것으로부터 생각해 나갔다. 파동이 무엇인가에 충돌하여, 반사되어 생기는 파동과 처음의 파동이 정확하게 겹쳐지면 정상파가 된다는 것은 앞에서 말하였다. 이때는 일직선상에서 파동의 합성을 생각하였지만 이것을 평면의 경우에 연장시켜서 생각하여 보자.

생각하기 쉽게 다시 표면파를 예로 든다. 작은 돌멩이를 고요한 수면에 던져 넣으면, 돌이 떨어진 곳을 중심으로 파문(波紋)이 퍼져 나간다. 이 파도의 진행 방향에 말뚝이 하나 서 있었다고 하자. 파동이 말뚝에 다다랐을 때(그곳에는 물과 다른 물체, 즉 말뚝이 있다) 말뚝 부근에서 어떤 일이 일어나는가 하면, 말뚝은 밀려온 파동에 어떠한 저항을 나타낸다. 그 결과 말뚝을 제2의 중심으로 하는 새로운 파동이 생긴다. 이 파동은 제1

의 파동과는 중심만이 다를 뿐 같은 파동으로서 사방으로 퍼져 나간다. 이것은 수면에 생긴 파동뿐 아니라 파동 일반에 일어나는 현상이다.

그런데 제2의 파동이 생김으로써 수면상의 각 점의 파동은 전보다 더 복잡해진다. 어떤 곳에서는 2개의 파동이 서로 보강하고(즉 플러스와 플러스, 마이너스와 마이너스가 겹친다), 또 어떤 곳에서는 상쇄하여 없어지는 현상을 볼 수 있다. 이와 같은 현상을 파동의 간섭(干涉)이라고 하는 것은 널리 알려져 있다.

간섭현상은 잔잔한 파동에만 한하지 않는다. 규모가 큰 수면파의 예로서 해일의 간섭이 있다. 칠레 지진의 해일이 일본에 도달하였을 때, 진원지로부터 똑바로 일본 근해에 접근한 해일과 북아메리카에서 한번 반사한 파의 간섭이 일어났다. 일본열도의 동해안에서는 해일이 상쇄된 곳에서 피해가 적었으나, 보강된 곳, 예를 들면 미야기(宮城)현 시오가마(塩釜) 등에서는 피해가 컸다.

또 파동 간섭의 환상적인 예로서는 비눗방울이 있다. 비눗물의 막이 얇아져서 빛의 파장과 같은 미크론 정도가 되면 태양으로부터 온 빛은 먼저 비눗방울 막의 바깥쪽에서 반사하고, 다음에 막 속으로 들어가서 안쪽에서 반사하게 된다. 그러면 안쪽에서부터 바깥으로 나온 빛과 처음에 바깥쪽에서 반사한 빛이 간섭을 일으킨다. 빛은 그 빛깔, 즉 파장에 따라 반사량이 다르므로 비누 막의 두께 차이나 관찰 방향에 따라 비눗방울이 붉게도 파랗게도 보인다.

차츰 막의 수분이 증발하고 막이 점점 얇아진다. 빛깔도 어지럽게 변하여 결국은 무색으로 보이는 짧은 시간을 거쳐 사라져 버린다. 마지막에는 막의 두께가 미크론 이하가 되어 사람의 눈에 보이는 빛은 이미 간섭을 일으키지 않게 되므로 무색 투명하게 보이는 최종 단계가 된다. 만일 자외선을 느낄 수 있는 눈을 사람이 가졌다면 최후까지 묘하게 빛나고 있는 비눗방울을 볼 수 있을 것이다.

나란히 늘어선 말뚝

다음으로는 많은 말뚝이 나란히 박혀 있는 곳에 수면파가 들어왔을 경우를 생각하여 보자. "또 귀찮게……, 생각하기도 싫다"는 말을 할지 모르는데, 일반적으로는 확실히 귀찮지만 말뚝이 주기적으로 늘어섰을 때는 예외이다.

즉, 이때는 특징적인 반사가 일어난다. 〈그림 4-2〉와 같이 입사한 파동은 다른 말뚝 층에서 반사되고, 간섭하여 어떤 때는 보강되고 어떤 때는 상쇄된다. 보강되는 조건은 한 층 아래에서 반사된 파동이 그 위층으로부터 반사된 파동과 정확히 중합되는 경우이다. 그림에서는 간단하게 하기 위하여 A, B 2개의 원자로부터의 반사만을 그렸다.

마이크로한 세계에서의 간섭은 직접 눈에는 보이지 않는다. 그러나 이 결정으로부터 멀리 떨어져 있는 마이크로한 세계에서 보았을 때, 보강된 방향에서 합성된 파동은 크게 보이고, 다른 방향의 파동은 그보다 작게 보일 것이다. 그래서 파장을 일정하게 하여 두고, 멀리서부터 그 물질을 관찰하면서 파동의 입사각(入射角)과 관측자가 관찰하는 각도를 여러 가지로 바꾸어 보면 반사파의 강도 변화에 관한 실험 데이터를 얻을 수 있다. 이것이라면 확실하게 매크로한 규모로 측정이 가능하다. 그리

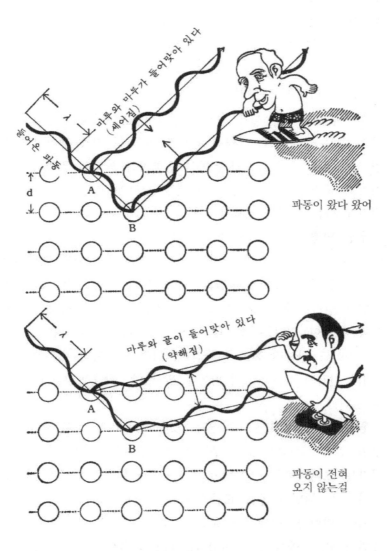

<그림 4-2> 보는 각도에 따라 반사파가 오거나 오지 않거나 한다

고 이 반사의 조건, 즉 파동을 물질에 대하여 몇 도의 각도로
서 입사시켰는가, 또 관찰자의 각도는 어떤가 등을 고려하여
계산하면 말뚝의 간격을 구할 수 있다.

원자에 파동이 되튕겨 나오다

수면파에서 떠나 실제 결정을 생각하자. 앞에서는 말뚝의 반
사를 예로 들었는데, 어째서 반사가 일어나는지를 생각하여 보
면 말뚝에는 물의 파동의 운동을 방해하는 능력이 있었기 때문
이라고 생각된다. 그러면 이들 결정 원자에는 어떤 파동을 되
튕기게 하는 능력이 있을까?

우선 되튕길 수 없는 파동을 생각하여 보자. 소립자 가운데
에 뉴트리노(중성미자)라는 것이 있다. 이것은 1931년 파울리에
의해 제창된 것으로서 물질과 상호작용이 거의 없는 것으로서
유명한 입자이다. 상호작용을 하지 않는다는 것은 상대방이 반
사할 능력이 없다는 것이다. 사실 뉴트리노는 지구를 2~3개
늘어놓아도 쉽사리 뚫고 지나간다. 이런 입자이기 때문에 물론
1개의 원자가 뉴트리노의 파동을 반사하는 확률은 제로라고 할
수 있다.

원자가 되튕기게 할 수 있는 것은 뉴트리노 등을 제외하면
많이 있다. 그러나 결정 구조를 조사한다는 입장에서 알맞은
입자는 그리 흔하게 있는 것이 아니다. 반대로 되튕겨 나오는
힘이 너무 세면 파동은 표면에 아주 조금만 들어갈 뿐 모두 반
사되어 버린다. 이래서는 물질의 내부 구조를 알아내기보다는
표면의 구조, 예를 들면 산화막(酸化膜) 등을 조사할 수 있을 뿐
이다. 이것은 이것대로의 의미가 있겠지만, 결정의 일반적 구조

를 알고자 할 때에는 그다지 적당하지 않다.

또 입자 중에는 파동이 애써 충돌하여도 그대로 원자에 흡수되어 버리거나, 또는 입자 그 자체가 파괴되어 버리는 것이 있다. 이래서는 반사가 일어나지 않는다. 따라서 원자핵과 강하게 상호작용을 하는 중간자(中間子) 등을 사용하여서는 안 된다는 것이다.

이런 사실을 생각하면 실제로 결정을 알아내는 데 적당한 파동은 우선 광자(단 X선), 전자 그리고 중성자를 들 수 있다. 이렇게 하여 라우에와 브래그에 의하여 발견된 X선의 결정격자에 의한 반사는 완전히 이론화되었다. 이에 따라 오늘날 이들 입자는 물질의 구조결정에 화려하게 활용되고 있다.

앞 그림에서는 간단히 A와 B의 원자에서 반사되는 조건만을 그렸지만 실제는 모든 원자가 반사와 간섭에 참여한다. 그래서 결정이 주기적 구조를 가졌다고 하는 것이 라우에와 브래그 등에 의하여 확립된 간섭 조건의 본질적인 것이다. 그것으로서 X선 등의 반사를 조사하면 반대로 물질 속 원자의 주기 구조를 알게 되고 따라서 원자의 배열이 결정된다.

이렇게 하여 물질 속의 원자의 질서 정연한 배열을 마치 눈으로 직접 들여다보듯이 알 수 있게 되었다는 것은 큰 진보였다. 옛날부터 사람들은 아마 결정은 원자가 질서 정연하게 배열되어 있는 것이 아닐까 하고 생각하였다. 예를 들어 수정(水晶)을 관찰하면 멋진 육각기둥으로 되어 있고, 얼음의 결정인 눈(雪)을 보아도 역시 대칭적인 육각형을 이루고 있다. 이런 것을 보더라도 마이크로한 구조에 무언가 질서 정연한 것이 있다고 생각하지 않을 수 없었을 것이다. 그러나 이것을 명확히 확인하고 그 구체적인 배열까지 알게 되었다는 점에서 X선을 비롯한 일련의 연구는 이루 헤아릴 수 없는 성과를 이루었다고 할 수 있다.

구부려서 끊어지는 철사

20세기 초에 개발된 결정 구조의 해석은 연달아 여러 가지 물질의 원자 구조를 밝혀 나갔다. 오늘날에는 기본적인 물질은 물론 새로이 발견되는 물질에 대하여서도 금방 그 구조가 자세히 조사되고, 물성의 연구는 우선 그 결정을 알고 나서부터라고까지 말하게 되었다.

그러나 우리는 또 다음과 같은 현상을 알고 있다. 예를 들어 동선(구리줄) 한 가닥을 다른 연장 없이 손으로 끊으려고 한다. 그러기 위하여서는 동선을 몇 번이나 구부렸다 폈다 하면 된다. 동선은 점점 단단하여졌다가 무르게 되어 결국에는 끊어질 것이다. 이 경우 동선은 처음이나 나중이나 같은 동선인 것은 틀림없지만, 그 본질은 조금 변하였을 것이다. 그렇다면 도대체 어디가 변했을까? 이 대답이 이제부터 말할 불완전결정에 관계된다. 기계적으로 가혹하게 다루어진 구리의 결정은 점점 정규의 결정 구조를 떠나 원자의 배열에 불규칙이 나타나기 때문이다. 이 불규칙성이란 어떤 것일까?

앞에서 말한 결정의 이야기는 모두 결정 전체에 걸쳐서 일사불란하고 질서 정연한 원자의 배열을 전제로 하였다. 그러나 사실 그런 완전한 결정이란 현실적으로는 존재하지 않는다. 어떤 의미에서는 불완전한 것이 실제적이다. 그렇다고 이 불완전성이 반드시 나쁜 것만은 아니다. 특히 응용 면에서 보면 불순물이 혼합된 결정은 실용상 지극히 중요한 위치를 차지하며, 순수하게 물리학적인 견지로부터도 흥미로운 문제들이 얼마든지 있다. 여기서 잠시 순수한 결정을 떠나서 고체의 불순물에 눈을 돌려 그것이 어떤 세계를 전개하고 있는지 들여다보기로 하자.

자연이 만든 혼합물

불순물이라고 하면 보통은 다른 원소가 섞여 있는 것을 가리키지만, 좀 더 일반적으로 말하면 다른 원소가 섞이지 않더라도 불순 상태는 나타난다.

불순물을 원인으로 분류하면 크게 물리적 불순물과 화학적 불순물로 나누어진다. 물리적 불순물이라는 것은 어떤 이유, 예를 들어 생성 때의 조건 때문에, 열이나 방사선을 받아 결정 속에 있어야할 위치에 원자가 없거나 또는 있어서는 안 될 위치에 원자가 들어가 있는 경우이다(〈그림 4-3〉 참조). 이것은 격자점(格子点)의 하나가 불규칙하게 되는 것이므로 격자결함(格子缺陷), 또는 점결함(点缺陷)이라고 부른다.

단 격자의 배열 방법에도 문제가 있을 수 있다. 원래대로라면 정연하게 조립되어야 할 격자의 일부에 그림과 같은 문제가 생기면 이것이 그대로 줄곧 계속되어 버리는 경우 등이다. 이러한 격자의 문제를 적당한 말이 없어서 디스로케이션*이라고 부른다. 요점은 바른 위치에 있어야 할 것의 착오를 뜻하는 말이다.

---

* Dislocation, 결정전위(結晶轉位)라고 번역하는 경우도 있는데 액체와 고체가 서로 변하는 등의 전이현상(轉移現象)과 혼동하기 쉽다.

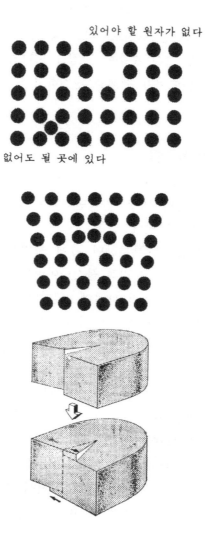

있어야 할 원자가 없다

없어도 될 곳에 있다

〈그림 4-3〉 격자결함(위로부터 점결함, 쐐기형으로 들어간 디스로케이션 및 소용돌이형 디스로케이션과 결정의 성장)

또 불순이라고 부르기에는 그리 적당하지 않지만 정규의 배열이 제멋대로 흐트러진 결정도 있다. 예를 들면 구리와 금을 1:1로 섞을 때처럼 금 이웃에는 구리, 구리 이웃에는 금 원자로 질서 정연하게 배열되어 있는 이른바 규칙합금(규칙적으로 바르게 배열되었다는 의미)은 좀처럼 이루어지기 어렵고 무질서하게 배열된 불규칙합금이 되기 쉽다. 이런 것도 역시 넓은 의미에서 순수하지 않은 결정, 즉 불순결정이라고 말할 수 있다.

이것에 비해서 화학적 불순물이라는 것은 간단하다. 예를 들면 구리 결정 속에 들어간 미량의 금은 불순물이며, 소금의 나트륨 일부가 칼륨으로 바꿔 놓이거나, 염소 대신 브로민(Bromine)이 섞인 것은 화학적 불순물이다. 이 경우에는 정규의 원자를 바꿔 놓는 경우와 격자의 틈새에 끼어드는 형식이 있다.

고양이 수염

이 디스로케이션의 존재가 중요시된 단서가 재미있다.

해저 케이블이라는 것이 있다. 인공위성이 진보하여 가는 오늘날 낡은 유물이 될지도 모르지만 지금도 해외 통신의 수단으로서 없어서는 안 되는 것이다. 이것은 중심에 꼰 동선을 빈틈없이 감고, 그 주위에 해수가 침입하지 않고 전기적으로도 절연이 되게 절연물을 감아서 단단하게 한다. 이것을 다시 한 번 가느다란 구리 그물로써 차폐하고 다시 그 외부를 절연물로 씌운다. 이렇게 해서 상당히 굵어진 케이블을, 예를 들어 한국에서 일본까지 케이블 부설선으로 바다 밑에 깐다. 막대한 경비가 드는 큰 공사이다. 따라서 일단 부설한 뒤에 사고가 일어난다면 큰일이다.

그런데 이 케이블이 부설된 후 곧 절연 불량이 되어 사용할 수 없게 되었다. 미국에서의 일이었다. 사용하자마자 일어난 사고이므로 아무래도 이상하다고 하여 끌어 올려 보니 중심에 감았던 구리 와이어로부터 수염같이 가느다란 것이 돋아 바깥쪽 차폐용 와이어에 꽂혀 있었다. 이렇게 되면 바깥쪽 차폐선과 합선되어 쓸 수 없게 되는 것은 당연한 일이다.

기묘한 일이라고 생각하여 수염처럼 생긴 가느다란 것을 조사하여 보았더니, 이것은 구리의 중심선으로부터 버섯처럼 자란 구리의 바늘이었다. 더구나 이 바늘은 디스로케이션이 하나도 없었다. 그런 의미에서는 이상적인 단결정(單結晶)이었다. 적당한 조건에서는 금속 덩어리로부터도 이런 깨끗한 결정이 생길 수 있다는 데서 많은 연구자들의 주목을 끌었고, 반대로 이 사실은 디스로케이션의 연구에 큰 자극을 주게 되었다. 현재는 이런 것을 인공적으로 만들 수도 있게 되어 이것에 대한 물성이 여러 가지로 조사되고 있다.

이 바늘 모양의 이상적 결정은 그 모양에 의해 고양이의 수염(Cat Whisker)이라고 이름이 붙여졌다. 완전무결한 이 결정은 (디스로케이션이 없을 뿐 화학적 불순물을 완전히 제로로 할 수 있다는 것은 아니지만) 보통 상태와 비교하면 강도가 훨씬 높다는 주목할 만한 성질 때문에 그 나름대로 약간 사용되는 경우도 있다. 만일 이것이 수염의 크기에 머물지 않고 고양이의 발 정도로 자란다면 우리의 일상생활에도 큰 역할을 할 것이 틀림없다고 확언할 수 있다. 이런 완전한 금속 재료가 일상생활에 흔히 쓰일 때가 오는 것도 꿈만은 아닐 것이다.

〈그림 4-4〉 소금에 생긴 컬러 센터(마이너스 염소 이온이 빠지고, 그 대신에 전자가 들어간다)

착색되는 소금

언제나 끄집어내어 미안한 일이지만, 이온결정의 전형이므로 이번에는 색깔을 띠게 된다는 성질로서 소금(NaCl)을 또 인용한다. 본래 무색일 결정이 왜 색깔을 띤 것으로 존재할까? 그 원인은 마이크로의 세계에 있다는 것이 상상되지만 그 이상의 대답은 역시 결정 구조의 해명을 기다려야 했다. 그리고 이 경우 사실은 결정 속의 단독 원자가 잘못된 배열을 하고 있다는 것이 착색의 원인이었다.

소금의 결정에 X선을 쬐이면 정규의 위치에 있었던 염소 이온이 어디론가 날아가 버리고 그 자리에 구멍이 생기는 상태가 발생한다. 즉 염소의 자리에 속이 빈 구멍(?)이 뚫린다. 이것은 마이너스 이온이 한 개 빠진 것이므로 결정으로서는 전자 1개가 부족하게 된다. 이런 전기적으로 곤란한 상태는 어디서든지 전자 하나를 가지고 와서 그 구멍을 메꿔야만 해결된다. 이것이 바로 컬러 센터(Color Center, 색중심)라고 불리는 착색의 원인이 된다. 더구나 위에서 말한 것은 컬러 센터 중에서도 가장 기본적인 형태로서 알려져 있다(그림 4-4).

이 메워진 전자는 중심에 원자는 없지만 그곳에서 너무 떨어지면 주위의 정상적인 결정에 의하여 다시 밀쳐 내어진다. 그래서 결국 그 전자는 구멍을 중심으로 하여 뱅글뱅글 돌게 된다. 즉 속박력의 구속 아래 있는 1개의 전자라는 셈인데, 이것은 흡사 상자 속의 전자나 수소 원자와 같은 것이다. 따라서 수소 원자의 에너지준위에 대응한 빛을 쬐면 높은 상태로 이동하거나 반대로 빛을 방출하여 처음 위치로 되돌아가기도 한다. 이것이 지금까지 무색이었던 소금을 착색시키는 것이다.

소금의 착색만에 그친다면 별일은 아니지만, 물질 일반에 좋아하는 색깔을 띠게 할 수 있는 방법이 있다면 이것은 역시 일상생활과 깊은 관계를 갖게 될 것이다. 그런 의미에서도 컬러 센터는 중요한 것으로서 연구 과제가 될 수 있다.

옛날 도공(陶工)들이 서쪽 하늘에 저무는 붉은 태양을 보고 "아아, 저 색깔을……" 하고 감탄하여 가마로 돌아가 불을 지폈다는 말이 있다. 당시 도자기의 안료를 만드는 사람들의 중심 과제는 붉은 색깔을 내는 유약을 연구하는 일이었다. 현대적으로 말하면 컬러텔레비전의 기술자라고나 할까? 그들은 빨강이 어떠니 파랑이 어떠니 하고 야단들이다. 여기서는 앞에서 말한 컬러 센터가 주역이 아니고, 희토류금속(稀土類金屬) 등의 불순물이 주역이다. 그러나 그것은 밀접한 관련을 가진 과제로서 현대 도공의 머릿속에 늘 간직되어 가득 차 있을 것이다.

루비와 레이저

다음에는 물리학적 불순물을 떠나 화학적 불순물을 생각하여 보자. 이번에는 눈이 번쩍 뜨일 보석이 환상적으로 등장한다. 사실 보석의 요염하게 빛나는 멋진 색깔은 거의가 어떤 화학적 불순물에 의한 것이다. 그런 불순물 이온의 특유한 색깔이 에메랄드 그린, 골든 사파이어 등을 만드는 것이다.

대표적인 예로서 루비를 들어 보자. 최근에는 인공적인 생산이 가능하여서 흔한 보석 중의 하나가 되어 버렸지만 붉은 색깔의 그 아름다움은 역시 비길 데 없다. 이 선홍색의 정체는 실은 크로뮴 이온이다. 모체는 산화알루미늄[Al_2O_3, 관용명 알루미나(Alumina)]이라고 하여 무색투명한 산화물로서 평범하고 흔한 물질이다. 화학을 조금 아는 분은 이것이 도가니의 재료로 많이 쓰이고 있는 것을 상기할 것이다. 이 산화알루미늄을 단일 결정으로 하고, 알루미늄 이온 몇 %를 크로뮴 이온으로 치환(置換)한 것이 루비이다. 크로뮴 이온은 나중에 자기의 이야기에서 나오듯이 비대칭 스핀을 가지고 있다. 이것의 에너지준위에 마침 붉은 색깔의 파장에 대응하는 것이 있어서, 그 때문에 루비는 빨간 색깔을 띠게 된다.

또 같은 크로뮴이라도 결정의 모체에 따라서 조금씩 에너지 준위가 다르므로 색깔도 바뀐다. 예를 들면 보석은 아니지만 백반이라는 물질(이것은 보랏빛의 물감으로 사용된다)에 넣으면 보라색이 되나, 산화크로뮴 자체는 오히려 녹색이 된다. 일반적으로 말하여 보석의 빛은 이온(나중에 자기의 이야기에서도 나옴)과 끊으려야 끊을 수 없는 연관이 있다. 이들 물성론적으로 흥미진진한 화합물이 또한 사람들이 동경하는 아름다운 물질이라는 사실은 물성 연구가에게 있어서는 매우 즐거운 일이다.

그런데 루비의 빨간 빛은 응용의 세계에서도 의외의 성과를 가져왔다. 이것은 나중에 통계 이야기에서도 나오지만, 루비가 메이저나 레이저의 가장 중요한 고체 재료가 된 것이다. 루비 중에서도 크로뮴의 농도가 비교적 연한(1% 이하) 것은 색깔이 연하여 핑크 루비라고 불리는데, 이것은 현재 레이저광을 증폭하기 위한 가장 효율적인 소재(素材)이다. 보석의 요염한 광채를 내게 하는 크로뮴의 전자가 구성하는 에너지준위의 응용이다.

Ten-Nine에의 길

일부러 4장 마지막으로 미루어 왔지만, 불순물효과의 가장 위대한 성과는 반도체에서 나타났다. 반도체의 이용에는 불순물이 본질적인 작용을 하는 것으로 그 생명은 불순물에 달려 있다고 해도 과언이 아니다.

반도체라는 개념이 나타난 것은 1930년경이다. 윌슨 모형이라고 불리는 초기 반도체는 문자 그대로 '절반만큼' 전기를 통하는 물체라는 의미로서 이온결정과 금속의 중간 상태를 의미하였다. 금속은 온도를 올리면 차츰 전기저항이 커져서 전기가 흐를 수 없게 되는 데 반하여, 반도체는 온도가 올라가면 반대로 전기가 흐르기 쉽게 되는 것이 큰 특징이었다. 또 반도체가 정류 작용(整流作用)을 가졌다는 것도 이미 알고 있었다. 옛날에 사용된 광석(鑛石) 라디오의 광석은 바로 천연 반도체여서 이것

(1) 반도체를

(2) 일부분 녹여서
불순물을 불러 모으고

(3) 조용히 그곳을 움직인다

〈그림 4-5〉 존 멜팅의 원리

이 나타내는 정류 작용을 이용한 것이었다. 인공적으로는 셀레늄 정류기(整流器)라고 불리는 것이 실용적이게 될 수 있다는 것도 나중에 알게 되었다.

그러나 월슨의 아이디어는 오랫동안 동결되어 있었다고 할 수 있다. 그것은 확실히 멋진 아이디어였지만 그 진가가 실제로 발휘된 것은 매우 끈질긴 노력, 즉 어떻게 하여야 완전하고 불순물이 없는 물질을 만들 수 있느냐는 문제에 도전한 오랜 고생이 있었기 때문이다. 월슨 시대의 반도체는 모두 순수하지 못한 물질이었다. 따라서 반도체다운 작용은 실제로는 혼돈의 그늘에 숨겨져서 보이지 않았던 것이다. 약 20년 전 극단적으로 순수화된 저마늄 및 실리콘 재료가 등장하였을 때부터 전자

시대라고 불리는 새로운 시대가 시작되었다. 반도체 재료로서 저마늄과 실리콘에 착안한 것도 탁월한 생각이었다. 또 불순물을 어떻게 하여 제거하느냐는 방법에 관한 아이디어도 당시로서 뛰어난 생각이었다. 이것은 존 멜팅(대용용법, 帶熔融法)이라고 불리는 방법으로서 여기서는 간단한 소개에 그치겠다(그림 4-5).

이 장치에 넣기 전에 실리콘이나 저마늄의 재료를 화학적 방법으로 될 수 있는 한 순수하게 정제한다. 그러나 여기에는 한도가 있어서 아직은 그다지 순수하지 못한 반도체이다. 이 반도체를 막대 모양으로 만들어 그 일부를 수백 도로 가열하여 거기만 약간 녹은 상태로 한다. 그러면 불순물이 녹은 곳에 모여든다. 왜냐하면 일반적으로 액체 속이 고체보다 불순물의 용해도가 높기 때문이다. 예를 들어 소금을 물에 녹여 온도를 낮추었다고 생각하자. 온도가 내려가면 물은 점점 얼음이 결정으로 되면서 소금을 몰아낸다. 방해물이 있으면 얼음이 되기 힘들기 때문이다. 극지의 바다에서 얼음이 만들어질 때 소금 성분을 몰아내어 그 얼음이 짜지 않은 것과 같은 이치이다. 이것은 추운 겨울날에 방 안(반도체의 막대)에 있는 난로 주위에 사람들이 모여드는 것과 비슷하다. 난로가 있는 곳, 즉 반도체가 가열된 곳에 사람들(불순물)이 많아진다.

다음에는 이 가열된 장소를 조금씩 이동시킨다. 비유하여 말하면 난로를 점점 이동해 가면 다른 곳이 춥기 때문에 사람들은 난로를 따라 이동한다. 이렇게 시료(試料)의 한끝에서 다른 끝으로 뜨거운 영역(Zone)을 이동시켜 가면, 불순물은 이 영역에 들어 있는 채로 이동하여 끝내는 결정의 한끝으로 몰아붙여진다. 이것을 충분히 반복하여 결국은 그 끝을 제외한 막대기 전체는 처음과는 비교도 안 될 만큼 높은 순도를 지니게 된다. 그런 다음 끝을 잘라 버린 실리콘이나 저마늄 속의 불순물 양은 매우 적어서, 실리콘, 저마늄의 순도를 퍼센트로 말하면 99.99……9로서 9가 10개나 이어질 정도로 놀라운 것이다. 전문가는 이것을 '텐-나인(Ten-Nine)'이라고 쉽게 말하지만, 여기까지 이르는 과정에의 상상을 넘어선 노력을 생각하면 아이디어만으로는 자연의 보다 심오한 곳으로 통하는 문이 열리지 않는다는 교훈을 얻을 수 있을 것이다.

반도체 물리학을 완성시킨 바딘과 쇼클리는 1956년에 노벨상을 받았다. 그들이 텐-나인이라는 순수한 소재에서 출발하여 반대로 특정 불순물을 극히 미량씩 섞어 간 결과, 이것이 마치 진공관과 같은 증폭, 발진 등의 모든 작용을 하는 것을 발견하여 트랜지스터가 탄생하게 된 것이다. 이 이야기는 5장에서 더 자세히 말하기로 한다.

5. 제2의 진공

설명이 되지 않는 옴의 법칙

"결정이 성립 및 전자의 기초적 성질이 밝혀졌다고 하면 ……" 하고 중얼거린 것은 하이젠베르크의 조수인 스위스 출생의 젊은 수재 블로흐였다. 1927년 이미 양자역학의 기초가 확립되어 물리학자들은 그 성과를 원자핵과 물성에 적용하기 시작하고 있었다.

"패러데이, 맥스웰의 전자기학으로부터 로런츠의 원자론에까지 발전한 전자기학의 이론에 있어서 큰 수수께끼로 남은 전기저항의 비밀은 어쩌면 해결될 것이다."

이야기는 이렇다. 원자의 배열도 알았고 결정 속에 존재하는 전자 자체의 본질도 알려졌다. 그리고 금속 전자가 밴드 속을 흘러간다는 이미지까지도 명백하여졌다. 그러나 옛날부터 알려져 있는 옴(Ohm)의 법칙이 완전히 설명되지 않는다. 왜 그럴까?

여기서 3장에서 말한 금속에 있어서의 '종단 고속도로', 즉 자유전자가 돌아다니는 고속도로를 상기하기 바란다. 금속에서는 전자가 이 길을 전적으로 자유로이 다닌다는 것은 아니다. 만일 완전히 자유롭게 달린다면 저항이 없다는 것이 되겠지만, 현실적으로는 전기저항이 엄연히 존재하고 있다.

이 전기저항과 전류, 전압의 관계를 나타내는 것이 옛날부터 있는 유명한 옴의 법칙이었다. 그러나 그것은 실험 결과를 나타내는 것일 뿐 블로흐가 손을 뗄 때까지는 마이크로한 세계에서의 의미를 부여하지 못한 채 공중에 떠 있었던 것이다.

전자에 육탄 공격

전류는 전압에 비례한다. 이 비례상수의 역수가 전기저항이라고 불리는 것으로 보통 R이라고 적는다. 고전 전자기학에서는 물질 고유의 상수 R이라는 양이 이미 존재한다고 하여 이야기를 전개하여 갔다. 그러나 R의 본질에 대한 확실한 이미지를 준 것은 현대 물성론으로서 그 개략을 말하면 다음과 같다.

로런츠의 전자론에 의하면 옴의 법칙이 성립한다는 것은 전자가 무언가에 충돌하면서 진행하는 결과이다. 만일 전자에 아무 방해가 없다면 전류는 전압에 비례하지 않는다. 즉 옴의 법칙은 깨어지고 만다. 왜냐하면 전자는 전기장에 의하여 가속되어 점점 빨리 달리게 되는데, 반면 옴의 법칙은 전자는 일정한 속도로 달려야만 한다는 것을 뜻하고 있기 때문이다.

이 딜레마에 대한 대답은 전자가 달리고 있는 사이에 무언가에 충돌한 후 다시 가속되어 또 충돌한다는 것이다. 이것을 반복하면 옴의 법칙이 성립된다고 일단 해석하면 된다. 실험적으로 얻어진 전기저항과 로런츠의 이론으로부터 계산하여 전자는 10^{-13}초라는 짧은 시간에 평균 1회 무언가에 충돌하여 결과적으로 평균 이동속도를 갖는다고 생각되었다. 그러나 전자가 충돌하는 상대는 대체 무엇일까?

여기에 대하여 블로흐가 내어놓은 대답은 다음과 같다. 전자가 충돌하는 상대는 두 가지가 있다. 그 하나는 격자의 진동으로서 일반적으로 결정격자에 전혀 흐트러짐이 없다면 전자가 되튕기는 것도 없을 것이다. 얼핏 생각하면 결정을 만들고 있는 원자에 날아오는 전자가 되튕겨도 좋은 것같이 생각된다. 그러나 전자는 그 원자가 제공한 밴드를 통하여 흐르고 있으므

114

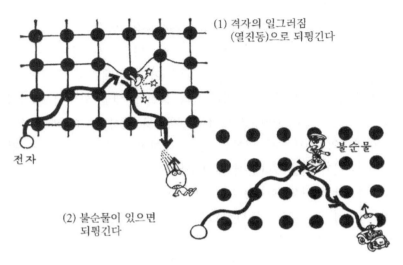

(1) 격자의 일그러짐
(열진동)으로 되튕긴다

불순물

전자

(2) 불순물이 있으면
되튕긴다

〈그림 5-1〉 결정 내의 전도전자가 충돌하는 상대

로 개개의 구성 원자는 산란(散亂)의 중심이 될 수 없다. 다만 격자가 흐트러지면, 즉 규칙적으로 정렬하여 있는 원자가 옆으로 미끄러지면 이 흐트러짐에 따라 산란이 일어난다. 일반적으로 이 흐트러짐은 격자의 열진동이다. 온도가 올라가면 결정격자는 열운동이 격렬해지고 금속 속의 전자는 이런 운동에 충돌하여 되튕기게 되는 것이다. 따라서 온도가 높아지면 저항이 커지는데, 이것은 격자의 열진동이 크게 되기 때문이다(그림 5-1).

또 하나의 산란 원인은 불순물이다. 예를 들면 동선에 철의 불순물이 들어 있다고 하자. 그러면 동선의 전기저항이 커진다. 그러므로 송전선용 구리 등은 엄격한 기준이 정하여져 있어서 불순물이 들어간 재료를 사용하지 않도록 주의하고 있다. 이 불순물에 의한 전기저항은 온도에는 별로 영향을 받지 않는다. 그러므로 전체 전기저항은 격자의 진동에 의한 것과 불순물에 의한 것의 합계로서 나타낼 수 있다.

위에서 말한 전기저항의 두 가지 원인은 격자가 완전히 주기적으로 이루어져 있으면 전자는 방해물이 없으므로 자유로이 행동하지만, 그 주기성을 파괴하는 것이 들어오면 순간적으로 산란된다는 것을 의미한다. 그러므로 디스로케이션과 같은 흐트러짐이 있다면 그것도 역시 산란의 원인이 된다. 따라서 불순물도 없고 디스로케이션도 없으며 또한 충분히 온도가 낮은 상태의 결정에서는 전자가 상당히 자유롭게 행동할 수 있게 될 것이다. 물론 전도전자를 가진 금속의 경우이다. 최근의 물성물리학에서는 이와 같은 아주 순수한 금속을 만들어 이상적인 전자의 운동을 일으킴으로써 물질 속 전자의 거동을 세밀하게 조사하는 것이 중요한 과제가 되어 있다.

옷을 입은 전자

이와 같이 블로흐의 전기전도이론은 금속의 가장 기본적인 성질인 전기저항을 합리적으로 설명하였는데, 그 뒤 전자가 결정 속을 돌아다닐 때 한 가지 흥미로운 성질이 있다는 것이 알려졌다. 그것은 전자의 질량(m)이 진공 속을 움직이는 경우와 겉보기로는 조금 다르게 보인다는 것이다.

원자가 진공으로부터 고체 속으로 뛰어들었을 때, 가령 거기가 금속처럼 자유전자가 움직일 수 있는 밴드 속이라도, 역시 엄밀하게 말하면 사정은 진공과는 다르게 되어 있다. 왜냐하면 전자는 자신의 전하로써 주위의 원자나 다른 전자의 상태를 조

116

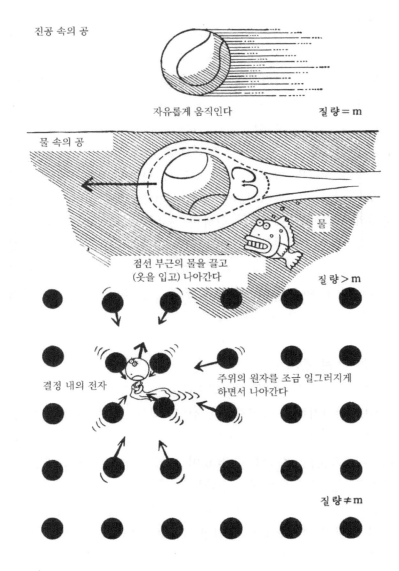

진공 속의 공

자유롭게 움직인다   질량＝m

물 속의 공

물

점선 부근의 물을 끌고
(옷을 입고) 나아간다   질량＞m

결정 내의 전자   주위의 원자를 조금 일그러지게
                       하면서 나아간다

질량≠m

〈그림 5-2〉 전자의 유효질량

금 일그러지게 하면서 나아가기 때문이다. 그러면 주위를 변화시킨 데 대한 반작용을 수반하기 때문에 전자는 완전히 자유로운 몸일 수는 없게 되는 것이다.

이것을 비유하면 〈그림 5-2〉와 같다. 공이 1개 있다고 하자. 진공 속에서 공을 움직이게 할 때와 물속에서 움직일 때를 비교하여 보자. 말할 것도 없이 물속에서는 공이 움직이기 어려워서 마치 공의 질량이 증가한 것처럼 보인다. 그것은 공을 움직일 때 공과 함께 있던 주위의 물도 같이 움직이는데, 그 물의 점성(粘性) 때문이다. 같은 관념으로 고체 내에서는 전자가 '옷을 입고' 움직이고 있다고 한다. 맨몸의 전자라면 그대로 휙휙 지나갈 것이지만 천이 스쳐서 소리를 낸다든지, 옷자락이 못에 걸린다든지 하는 연상에서 나온 표현이다. 이 때문에 전자는 겉보기의 질량, 또는 유효질량(有效質量)이라는 것을 갖는다. 그러므로 금속이나 반도체 속에서 전자는 진공 속에서의 질량(m) 대신 그 물질 특유의 여러 가지 질량을 갖는 것이다.

'허물'이 움직인다

이렇게 하여 차츰 밝혀지게 된 결정 내의 전기적 현상을 계속 조사하는 동안에 새로운 또 하나의 기묘한 현상이 발견되었다. 이것은 플러스의 전자가 있다는 것이다. 그렇다고 당황할 것은 없다. 전자와 쌍을 이루는 양전자가 결정 속에 존재할 까닭이 없으므로 양전자는 고체 속에서는 실현 불가능한 훨씬 높은 에너지현상에서, 이를테면 우주선 속에서나 등장한다.

얼핏 플러스의 전자로 보이는 이것은 사실은 전자가 빠져나간 허물이다. 결정 내에서도 훨씬 에너지가 낮은 곳에 있는 만

원인 밴드로부터 어떤 원인으로 전자가 1개 튀어나가 버렸을 때, 그 마이너스전자가 빠져나간 뒤의 구멍은 겉보기로는 플러스의 전하를 가지게 되어 양전자처럼 행동하는 것이다.

전자가 가득 차 있는 밴드에서는 흡사 교통이 혼잡한 도로처럼 전자가 옴짝달싹할 수 없는 상태가 된다는 것을 앞에서도 말했다. 그러나 1개의 전자가 빠져나감으로써 틈이 생겼기 때문에 거기에 다른 전자가 끼어들 수 있다. 그러면 이 현상은 마치 플러스의 전자가 움직인 것처럼 보일 것이다. 왜냐하면 밴드 내의 전자가 움직이면 그 전자가 지금까지 있던 곳을 역시 하나의 구멍으로 남기기 때문이다. 따라서 이 구멍에 해당하는 곳을 홀(Hole)전자라고 부른다. 반도체의 전자현상을 다루는 데는 빼놓을 수 없는 관념이다.

커플전자

홀전자가 생길 때의 상태를 좀 더 자세히 살펴보자. 가득 채워져 있는 밴드로부터 1개의 전자가 빠져나갔을 때 빠져나간 전자와 홀전자가 사이좋게 동반하여 결정 속을 돌아다니는 경우가 있다. 이것은 이른바 커플전자이다.

구멍으로부터 튀어나간 전자는 에너지가 충분히 크면 물론 홀전자를 팽개치고 홀가분하게 혼자서 여행을 하지만, 이 정도로 큰 에너지를 갖지 못할 경우에는 홀과 사이좋게 함께 거닌다. 원래 전자는 전기적으로 마이너스이고 이 구멍(홀)은 플러스이기 때문에 사이가 좋은 것이다. 이것을 여기자(勵起子, Exciton)라고 한다.

예를 들면 산화구리(Cu_2O)에 빛을 쬐이면 가득 채워진 밴드

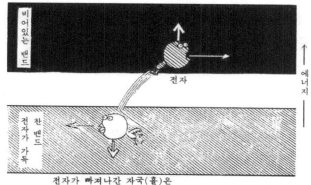

〈그림 5-3〉 전자와 전자가 빠져나간 자국

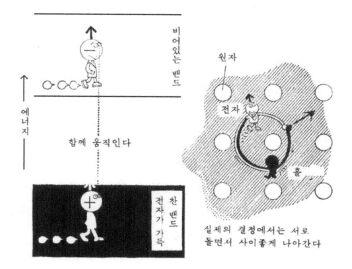

〈그림 5-4〉 커플전자

로부터 전자가 튀어나와 높은 에너지의 밴드로 옮아가고, 동시에 그 전자는 아래쪽 밴드에 생긴 홀전자와 여기자를 만든다. 에너지준위만 다를 뿐 그들은 손을 맞잡고(?) 결정 속을 산책하며, 이윽고 다시 빛을 방출하고 함께 소멸하든지 또는 반대로 어디선가 에너지를 받아서 커플 상태를 풀고 각각 홀몸이 되어 여행을 계속한다(그림 5-4).

그러나 보통 결정 속에는 홀몸의 전자가 여기저기에 있어서 홀이 그냥 놓아둘 턱이 없다. 이윽고 홀은 어느 것엔가 붙잡히고 만다. 홀의 청춘은 일반적으로 짧은 기간이라고 할 수 있다. 그러나 결정에 따라서는 홀만을 많이 축적해 둘 수 있는 것이다. 이것이 트랜지스터에 없어서는 안 될 소재인 p형 반도체라고 불리는 것이다.

반도체의 메커니즘

이만하면 지금까지의 이야기에서 반도체 내의 전자현상을 관찰하기 위한 일단의 지식이 얻어진 셈이다. 따라서 이제부터는 금속을 떠나 반도체라는 섬세한 물질에 탐색의 손을 뻗쳐 보기로 하자.

금속은 날을 가진 쇠붙이에 비유하면 도끼와 같이 억센 것이지만, 이에 반하여 반도체는 면도칼과 같은 역할을 한다. 금속은 큰 전류를 힘들이지 않고 그대로 흘려보내지만 반도체는 도저히 그렇게는 못 한다. 덤덤하고 강인한 것이 금속의 특징인데 반하여 섬세하고 지극히 산뜻한 것이 반도체라고 할 수 있을 것이다.

이 반도체의 현묘한 메커니즘은 우선 지극히 순수한 실리콘,

저마늄의 모체로부터 출발한다. 사실은 다이아몬드 등도 같은
종류의 결정이지만 다이아몬드는 인공적으로 쉽게 만들 수가
없다. 하물며 이 물질에 대한 존 멜팅 등의 기술이 사용될 수
있는 것도 아직 까마득한 장래의 일로 지금 당장에는 해결될
전망이 없다. 또 유사한 물질에는 인듐, 안티모니와 갈륨비소
등의 화합물(주기율표의 Ⅲ족과 Ⅴ족의 화합물이므로 Ⅲ-Ⅴ족 화합물
이라고 한다)과 황화카드뮴(마찬가지로 Ⅱ-Ⅵ족 화합물이라고 한다)
과 같은 것도 있다. 이것들은 응용 면에서 매우 발전하고 있지
만 여기서는 실리콘, 저마늄과 동질로 보아 일단 생략하고 이
야기를 계속한다.

우선 순수한 반도체를 생각하자. 실리콘과 저마늄에 있어서
각 원자는 s궤도와 p궤도를 사용한 공유결합 방식에 의하여 공
간적으로 4개의 손을 뻗어 굳게 결합하여 있다. 이 결합에 관
여하고 있는 전자는 만원의 밴드를 구성하고 있어 이대로는 자
유전자가 없다. 이 가득 채워진 밴드를 전자가 가득히 들어 있
다는 뜻에서 충만대(充滿帶), 또는 원자 간의 결합에 관계하고
있다는 뜻에서 가전자대(價電子帶)라고 한다. 또 충만대 위에는
전자가 전혀 없는 빈 밴드가 있다. 이것을 전도대(傳導帶)라고
부른다.

따라서 온도가 낮을 경우 그대로로는 전기가 흐를 수 없다.
그러나 온도가 올라가면 전자가 가득 채워진 충만대로부터 전
자가 뛰어 올라간다. 열에너지에 의한 여기(勵起)이다. 전자가
일단 위의 빈 밴드에 올라가면 거기는 자유롭게 움직일 수 있
는 고속도로가 있다. 전자가 돌아다닐 수 있으므로 전기장을
걸면 전류가 흐르게 된다(그림 5-5).

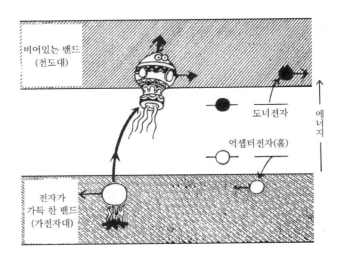

비어있는 밴드
(전도대)

도너전자

억셉터전자(홀)

에
너
지

전자가
가득 찬 밴드
(가전자대)

〈그림 5-5〉 온도가 올라가면 전자는 비어 있는 밴드로
올라가 움직일 수 있게 된다

　전자를 자동차에 비유하면 아래쪽 밴드는 도시의 보통 도로
면과 같은 것으로 전차, 버스, 택시, 자가용, 보행자 등이 들끓
어서 아주 혼잡하여 옴짝달싹도 할 수 없다. 그러나 일단 위쪽
밴드, 즉 고속도로에 올라가면 훤하게 비어 있어서 차가 자유
로이 달릴 수 있다. 다만 고속도로에 들어가기 위하여서는 통
행료를 물어야 한다. 에너지가 낮은 아래쪽 밴드에 있는 전자
는 높은 에너지상태의 밴드에 갈 에너지가 없으므로 보통으로
는 올라가지 못한다. 그러나 온도가 올라가면 열에너지를 잘
받아들이는 전자가 있다. 전자는 그 에너지를 지불하여 위쪽
밴드로 올라가는 것이다.
　그런데 전도대에 올라간 전자는 자유로이 달릴 수 있다고는

하지만 아무래도 그 수가 적다. 따라서 금속과 같은 큰 전류는 도저히 흐르게 하지 못한다. 그러나 주목하여야 할 것은 뛰어 올라간 전자의 홀이 아래쪽 밴드에 남아 있다는 점이다. 그러므로 전기장을 걸면 전자와 함께 홀도 움직인다. 그래서 금속과는 결정적으로 다른 반도체 특유의 미묘한 여러 가지 현상이 나타나는 것이다.

소금이나 수정과 같은 보통의 이온결정에서도 아래쪽 밴드는 전자가 가득 차 있고 위쪽 밴드는 비어 있으므로 원리적으로는 반도체와 조금도 다르지 않다. 그러나 이온결정은 밴드 간의 에너지 차가 훨씬 커서 보통 온도에서는 아래쪽 전자가 위쪽 밴드에 올라갈 수 없으므로, 이온결정에서는 열에 의하여 뛰어오르는 전자가 없다고 할 수 있다.

또 이온결정이 반도체와 다른 또 하나의 점은 극히 미약하지만 이온전류라는 것이 있다는 것이다. 전자와는 달리 훨씬 무거운 이온이지만, 격자의 결함을 타고 근소하게 움직일 수 있는 이온이 있어서 이것이 이온전도현상을 나타낸다. 그러나 이것은 이온결정만의 문제이고, 일반적으로 극히 적은 전류이기도 하므로 여기에는 언급하지 않기로 한다.

도너와 억셉터

앞에서 말한 바와 같이 반도체에는 열전자에 의한 작용이라는 것이 있다. 그러나 반도체가 그 진가를 발휘한 것은 실리콘, 저마늄에 극히 적은 불순물을 넣었을 때이다.

실리콘이나 저마늄에 비소나 인과 같은 불순물을 넣으면 불순물 원자는 실리콘이나 저마늄의 원자에 들어가서 쉽게 결정의 구성으로 바뀌어 버린다. 그런데 비소나 인의 결합에 관계하는 전자는 5개이므로 전자 1개가 남는다. 한편 인듐, 붕소와 같은 원자를 넣으면 반대로 전자가 1개 부족하게 된다. 여기서 앞의 것은 1개의 전자를 바로 반도체 내의 수소 원자 형태로 받아들이고, 뒤의 것은 플러스의 전자, 즉 홀전자 1개를 받아들이게 된다.

그리고 이들 여분의 전자나 홀은 불순물의 주위를 큰 궤도로 돌면서 근소한 에너지의 출입으로 쉽게 떨어지기도 하고 결합하기도 한다. 앞의 것은 전자를 방출하여 공급할 수 있으므로 도너(Donor), 뒤의 것은 홀을 내므로(즉 전자를 받게 되므로) 억셉터(Acceptor)라고 부른다. 이 도너를 포함한 반도체는 마이너스 전하(Negative)의 머리글자 n을 따서 n형, 다른 한쪽은 플러스 전하(Positive)의 p를 따서 p형이라고 부른다. 그러므로 우선 순수한 실리콘, 저마늄을 만들고 그것에 적당한 불순물을 넣으면 마음대로 p형이나 n형의 반도체를 만들 수 있게 된다.

이와 같은 발견에 연달아, p형과 n형의 반도체를 조합한 것에는 진공관에 비교할 만한 증폭, 발진 등의 작용이 있다는 쇼클리 등의 위대한 발견이 있었다. 이것이 트랜지스터이다.

제2의 진공

여기서는 트랜지스터에 관해서 자세히 설명하기보다 차라리 그 배경이 되는 물질적 사고를 소개하겠다. 반도체가 보인 성공의 배경은 한마디로 말하면 사람이 제2의 진공을 손에 넣었다는 것이다. 그것도 본래의 진공보다 다루기 쉽고, 더욱 변화무쌍한 장(場)으로서의 진공이다.

진공 속에 전자를 넣어 충돌하는 것이 없으면 전자는 자유로이 달릴 수 있어서 여러 가지 운동을 일으킬 수 있다. 한편 보통의 고체에는 여러 가지 불순물이 들어 있어서 집어넣은 전자는 도저히 진공 속에서와 같은 자유로운 활동을 할 수 없다. 그러나 실리콘이나 저마늄이 도달할 수 있었던 순도의 세계에서 전자는 다시 자유로이 운동할 수 있는 장을 얻는 것이다. 그리고 막상 이것이 실현되니 종래의 진공보다도 훨씬 편리하다는 것이 분명하여졌다.

그 이유로서 몇 가지를 들 수 있는데, 첫째가 플러스와 마이너스의 전하를 거의 같은 정도로 쉽게 구사할 수 있게 되었다는 점이다. 진공 속에서는 전자가 거의 유일한 주역이었다. 그리고 이온은 너무도 질량이 크고, 또 양전자(홀전자)를 만들기에는 너무도 높은 에너지를 필요로 한다. 그러나 반도체 속에서는 아주 쉽게 홀전자가 만들어진다.

다음으로 반도체에서는 도너라든지 억셉터의 활동적인 요소를 마음대로 '진공' 속에 배치하고 고정시킬 수 있다. 진공관 속에서는 이런 일은 도저히 불가능하다. 가령 어떤 이온을 고정시키고 싶다고 하더라도 돌아다니는 이온을 붙잡아 둘 수는 없기 때문이다.

그리고 약간 기술적인 문제가 되지만, 이 제2의 진공은 다루기 쉽다는 이점도 있다. 진공관처럼 유리관 속에 밀폐시킬 필요가 없으므로 유리가 깨어져서 진공이 못 쓰게 될 걱정도 없다. 반도체를 2개로 나누면 또 2개의 '진공'이 생긴다. 이와 같이 제2의 진공에서는 매우 작은 공간에 섬세한 세공이 가능하여 집적회로(보통 IC라고 한다) 같은 것도 만들 수가 있다.

또 진짜 진공에서 전자를 방출하게 하는 데는 상당한 에너지를 필요로 하지만 트랜지스터는 상온에서 자유롭게 전자를 '새로운 진공'에 방출할 수 있다. 즉 진공관과 같이 히터를 필요로 하지 않는다.

이와 같이 '새로운 진공'은 여러 가지 면에서 우수한 점이 있으므로 전자공학의 세계에서 제1의 진공을 몰아내고 있는 것이 당연한 일이지만, 동시에 우리는 이런 새로운 세계를 발견해 낸 개척자들에게 진심 어린 존경을 금할 수 없다. 색다른 소자(素子)인 에사키 다이오드, 최근에 부각되어 가는 건 다이오드, 그리고 고체 클라이스트론(마이크로파와 같은 높은 진동수의 전파를 내는 것)의 개발 등과 같이 제2의 진공은 앞으로도 더욱 활기 넘치는 발전을 전개하여 나갈 것이다.

6. 고전입자의 딜레마

볼츠만을 죽게 한 혼란

지금까지 우리는 1개의 전자, 1개의 원자를 들어 그 구조나 고체 속에서의 역할 등을 살펴 왔다. 실제로 물질의 구성을 논할 경우에 이와 같은 고찰은 빼놓을 수 없는 것이다.

그러나 우리가 살고 있는 곳은 매크로한 세계이다. 그리고 우리는 실제로 매크로한 방법에 의해서 물질을 조사하는 경우가 거의 대부분이다. 1개의 전자나 원자를 끄집어내어 마이크로하게 관찰하는 것이 아니라 어떤 집단으로서의 특성을 보고, 그 속에 숨어 있는 마이크로한 프로세스를 파악하려고 한다. 따라서 매크로하게 본 물질의 성질을 마이크로의 세계까지 추궁하여 해석하는 데는, 무수한 구성입자가 집단을 이루고 있을 때 그것이 어떤 성질을 나타내는가를 알아야 한다.

집단으로서의 모습을 논하는 학문이 통계학이고, 자연현상에 대해서는 통계역학(統計力學)이라고 불리는 학문이 있다. 이와 같이 말하면 '뭐야, 통계역학이 마이크로한 프로세스를 파악하기 위한 도구인가?'라고 생각할지 모른다. 확실히 그런 면도 있다. 그러나 이야기가 진행됨에 따라 독자는 통계역학 속에 숨어 있는 본질적인 것에 끌려 들어가게 될 것이다. 그것은 인간의 자연 인식에 관한 뜻깊은 일이라는 것이 차츰 밝혀질 것이다.

그런데 통계 분야에서는 양자역학의 완성 이전에 볼츠만과 켈빈 등의 노력에 의하여 열역학 또는 고전 통계역학이 완성된 것으로 널리 알려져 있다. 그 입장은 마이크로한 모습, 즉 분자와 원자의 자세한 구조는 몰라도 예를 들어 기체의 알갱이와 같은 정체가 있다고 하고, 그것이 집단으로서 어떤 성질을 나타내는가를 생각하는 것이다. 옛날부터 유명한 보일-샤를의 법칙 같은 자연법칙도 이렇게 하여 설명되었다.

그런데 고전 열역학은 비열(比熱)의 계산에 완전히 실패하여 버렸다. 이론적으로 말하면 고체의 비열은 늘 일정해야 한다. 사실 높은 온도에서는 어떤 일정한 값을 갖는다. 그러나 아무리 실험을 하여도 온도를 내리면 내릴수록 비열의 값이 작아지고 절대영도($0°K$) 가까이에서는 거의 제로가 되는 것이다. 예외는 하나도 없었다. 비열이라는 기본적인 양, 더구나 통계역학에서는 가장 확실히 구해져야 할 양인 비열을 이론적으로 구할 수 없다는 것은 고전 열역학에 치명적인 결점이 있다는 것을 의미하고 있다.

다른 많은 통계현상이 너무도 잘 설명될 수 있었던 만큼 이 문제의 심각성은 헤아릴 수 없이 컸다. 고전 통계역학의 완성에 힘을 쏟은 볼츠만은 이 한계성이 심상치 않음을 일찍 눈치채고 있었다. 그래서 그는 고민 끝에 끝내 자살하고 말았다. 그만큼 깊은 혼란이 있었던 것이다. 그는 죽기 전에 쇼펜하우어의 염세주의적 철학에 탐닉하고 있었다고도 한다.

아이로니컬하게도 그의 죽음과 더불어 새로운 광명이 발견되었다. 즉 양자론의 탄생이다. 플랑크, 아인슈타인, 후에 디바이에 의해서 고체 비열의 미스터리가 풀렸다. 아인슈타인은 열진동 또한 연속적인 현상이 아니라고 생각하고, 플랑크가 생각한 양자의 아이디어를 적용하여 계산하였다. 또 디바이는 보다 정밀한 열진동의 메커니즘을 도입하였다. 여기서 등장한 것이 양자론을 도입한 통계역학, 즉 양자 통계역학이다.

태평양을 휘저어서

먼저 통계역학이 성립되는 배경부터 들여다보자. 우선 원자
나 분자의 수가 어느 정도로 많은가를 알아 둘 필요가 있다.
왜냐하면 대상이 무수히 많이 있다는 것이 통계가 정확하게 나
올 수 있는 근본이기 때문이다.

지금 물 한 컵을 태평양에 부었다고 하자. 그리고 태평양을
잘 휘저은 다음 다시 바닷물을 한 컵 담는다. 이때 컵 속에는
처음 태평양에 부어 넣었던 컵에 들었던 물 분자가 도대체 몇
개나 들어 있을까? "이것 참" 하고 독자는 낭패스러울 것이다.
태평양의 넓이와 깊이는 엄청난 것이므로 컵에 담은 그 물에
만에 하나라도 같은 분자가 끼어들었다고는 생각되지 않을 것
이다. 그러나 실제로 계산하여 보면 컵의 크기에 따라서 차이
가 있지만 10 내지 20개의 물 분자가 다시 돌아오게 된다. 시
간이 있는 사람은 직접 자신이 한번 계산해 보면 재미있을 것
이다. 이것은 원자의 수가 얼마나 많은가를 말하는 예이다.

이와 같이 엄청나게 많은 수의 원자 또는 분자의 집단은 어
떤 행동을 하는가? 이것이 통계역학의 주제이다. 우선 옛날부
터 알려져 있는 기본적인 성질을 들어 보자. 물질은 온도의 변
화에 따라서 기체, 액체, 고체라는 3가지로 변한다. 이것을 상
전이현상(相轉移現象現象)이라고 부르는데 상(相)이라는 것은 고체
상이나 액체상과 같이 상태를 나타내는 말이다. 물론 여러 가
지 복잡한 변화를 하는 것도 있어서, 예를 들면 철은 910℃가
되면 같은 고체라도 구조가 변한다. 그러나 여기서는 간단한
경우만을 생각하자.

거대한 수의 원자나 분자의 집합이 나타내는 상전이현상은

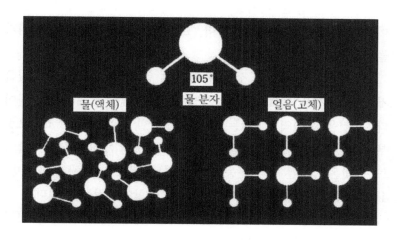

〈그림 6-1〉물은 얼음이 되면 부피가 늘어난다.

통계역학의 큰 과제 중의 하나로, 현재도 예를 들면 액체로부터 고체로 변할 때에 어떠한 마이크로한 프로세스가 있느냐는 것이 세밀히 연구되고 있다.

예로서 일상생활에 관계가 깊은 것 한 가지를 들어 보자. 대개의 물질은 고체가 되면 크기가 줄어든다. 이것은 고체가 되면 온도가 내려가 원자의 운동에너지가 작아지기 때문에 원자간의 평균 거리가 가까워진다는 사실로 이해가 된다. 저온이 되면 열진동이 작아져서 원자가 움직이는 영역이 좁아지기 때문이다. 그러나 물이 얼 때는 반대로 부피가 증가한다. 왜 그럴까?

이유는 그림을 보는 것이 빠를 것이다. 물 분자는 '〈'와 같은 모양을 하고 있다. 이것이 액체일 때는 많은 분자가 서로 뒤섞여서 움직이고 있다. 그러나 고체(얼음)가 되면 분자는 주기적 구조를 가진 공간 배치를 취한다. 이것은 액체일 때보다 도리어 빈틈이 많아진 결과를 낳아, 그 결과 얼음은 물보다 부피가 늘어난다(그림 6-1).

그러나 독자는 물의 성질에 관해서 좀 더 자세히 알고 있을 것이다. 그것은 물의 비중이 가장 큰 것은 4℃일 때라는 사실이다. 이것을 통계역학에서는 어떻게 생각할 수 있을까? 고온으로부터 4℃까지 온도가 내려감에 따라 서서히 물의 부피가 줄어드는 것은 물 분자의 운동이 둔해지는 것으로 이해가 되지만, 4℃부터는 얼음의 입자가 생긴다고 생각할 수 있는 것이다.

입자라고 해도 현미경으로는 보이지 않을 정도의 작은 것이며 더구나 생겼다고 해도 금방 없어져 버린다. 그러나 얼음과 같이 분자가 결합하여 덩어리가 된다. 이것이 여기저기에 부분적으로 생기므로 이 현상을 '단거리 배열'이라고 부른다.

이와 같은 일이 생기기 시작하면 거꾸로 물은 조금씩 부피가 늘어난다. 그리고 0℃의 바로 위에서는 일단 생긴 이 마이크로한 결정이 매우 긴 시간 남게 되고 결국 0℃에서는 물 전체에 걸쳐서 배열하게 된다. 눈에 보이지 않는 수십에서 수백의 분자가 모여서 만드는 단거리 배열, 이것의 정체를 조사하는 것도 통계역학의 중요한 과제 중 하나이다.

온도는 운동에너지의 평균으로부터

그런데 원자, 분자의 수가 매우 많다는 것, 그리고 그 각각이 극히 작아서 식별되지 않는다는 것이 우리를 필연적으로 한 가지 길로 몰아붙이게 된다. 즉 우리는 자연을 조사하려고 할 때 원자나 분자 또는 전자의 하나하나를 들여다보지 말고 그것들의 평균된 물리량을 관찰한다는 것이다. 이것이 필연적인 방법이다.

그렇다면 어떤 평균량을 보고 있는 것일까? 기체의 경우라면 압력, 부피, 온도 등이 그것이다. 일반적으로 말하면 이 밖에도 아직 많은 평균량이 있지만 여기서는 온도라는 양에 대해서 생각해 보자. 왜냐하면 통계역학의 성격을 무엇보다 잘 나타내는 대표적인 양이 온도이기 때문이다.

우리는 왜인지 온도는 언제든지 정의를 내릴 수 있는 것처럼 생각하고 있다. 뜨거운가 찬가는 손으로 만져 보면 알 수 있고 더 자세히 알고 싶으면 온도계를 사용하면 된다. 그러나 과연 그럴까? 이야기가 마이크로한 세계에 들어가면 온도의 문제도 역시 여러 가지 생각을 고쳐야 한다. 다음의 몇 가지 예를 살펴보자.

상자 속에 입자, 예를 들면 원자를 1개 넣었다고 하자. 앞에서 말한 바와 같이 전자를 넣은 상자라도 물론 좋다. 이 상자 속의 온도는 어떻게 정의하면 될까? 답을 말한다면 사실은 정의하는 것이 불가능하다.

좀 더 구체적으로 생각해 보자. 우선 고전 열역학에 의하면 열이라는 것은 입자의 운동에너지의 평균값이다. 기체라면 기체 분자의 운동에너지의 평균이 열이고, 고체라면 결정을 이룬 원자가 진동하는 에너지가 크면 클수록 많은 열에너지를 가지고 있어서 온도가 높다.

계 내에 무수한 입자가 있을 경우 어떤 입자는 엄청난 속력으로 달리고 있을지도 모르며, 한편 매우 느린 속력으로 움직이는 입자도 있을 것이다. 그러나 이 계를 충분히 긴 시간 동

134

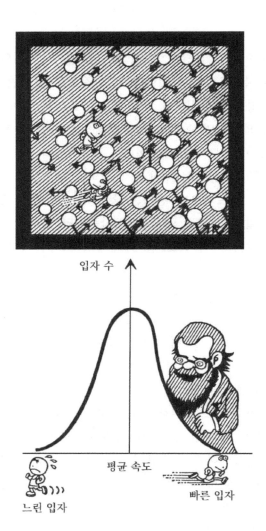

입자 수

평균 속도

느린 입자

빠른 입자

〈그림 6-2〉 볼츠만 분포(아무리 시간이 지나도 입자의 속도
분포가 변하지 않을 때)

안 방치하여 두면 전체적인 입자의 속도 분포는 일정하게 된
다. 이때 입자계는 열평형(熱平衡)에 있다고 말하고 이 분포를
'볼츠만 분포'라고 한다(그림 6-2).

사실은 이때 개개 입자를 보면 시시각각으로 방향과 속력을
바꾸면서 달리고 있지만, 전체로서의 평균 속력은 일정해져서
각 입자의 평균 에너지도 일정하게 되는 것이다. 이 평균 운동
에너지를 나타내는 기준이 온도이다. 물론 온도는 운동에너지
그 자체는 아니다. 그러나 그 에너지에 비례하는 양으로서 정
의되는 것이다.

온도가 정하여지지 않는다

그런데 입자가 1개만 상자 속에 있을 때 온도계를 보고 있다
면 어떤 현상이 일어날까? 우선 이 입자는 좀처럼 온도계에는
충돌하지 않을 것이다. 단 1개이므로 꽤 큰 온도계를 넣지 않
으면 입자는 충돌하지 않는다. 충돌하는 것이 없으므로 온도계
는 "지금 계 내는 절대영도이다"라고 보고할 것이다.

그런 중에도 우연히 입자가 충돌한다. 그러면 온도계는 그
속도에 해당하는 에너지로부터 온도를 기계적으로 계산하여,
예를 들면 "지금 정확히 100도이다"라고 할 것이다. 또 반드시
온도계에 정면충돌을 한다고는 할 수 없다. 조금 스쳐만 갈 때
도 있을 것이므로 그런 때에는 "지금 20도이다"라는 표시가 나
타날지도 모른다.

이와 같이 계 내의 온도는 무한대까지는 되지 않더라도 전혀
일정하지 못하고 그때마다 자꾸 다른 값을 나타내게 된다. 이
것은 입자 수가 적을 때에 일어나는 요동(搖動)이라고 하는데

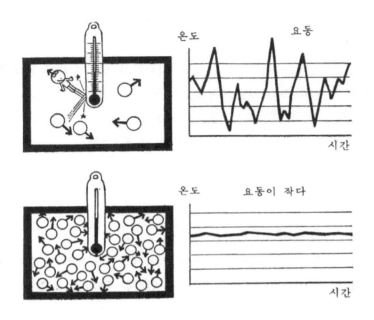

〈그림 6-3〉 입자가 적으면 온도는 정해지지 않는다

통계역학에서는 중요한 양이다. 여하튼 이래서는 온도를 정의
할 수 없다. 즉 요동이 너무 커서 평균값의 의미가 없어지게
된다(그림 6-3).

　다음에는 이런 예를 들어 보자. 입자가 많이 있지만 약간의
입자만이 매우 큰 에너지를 가지고 있어서 고속도로 돌아다닌
다고 하자. 이때의 온도는 어떻게 될까?

　이 대답도 간단하다. 계가 안정되지 않으면 온도는 의미가
없다. 안정된다는 것은 빠른 입자가 느린 입자와 수없이 충돌
을 반복하여 에너지를 상실하고, 드디어 전체로서 일정한 평균

값에 가까운 곳에서 다소 흐트러진 상태로 안정화, 즉 열평형
을 얻게 된다는 뜻이다.

　이런 상태에 도달하지 않으면 온도는 의미를 갖지 못한다.
예를 들면 0℃의 물과 100℃의 물을 10ℓ씩 준비하여 섞었을
때, 잘 뒤섞은 후가 아니면 온도계는 50℃를 가리키지 않을 것
이다. 어떤 곳은 뜨겁고 다른 곳은 차갑다는 요동이 있기 때문
이다.

역학적 송사리와 열역학적 송사리

　이렇게 하여 우리는 온도라는 매크로한 인식을 극히 많은 마
이크로한 입자의 운동으로부터 설명할 수 있지만, 다입자계의
운동으로부터 온도를 정의하는 데는 하나의 중요한 조건이 있
다. 예를 들면 기체의 온도를 정의하기 위해서는 기체 분자의
평균 운동에너지를 구한다. 그러나 이때 기체 분자의 운동은
랜덤하다는 조건이 필요한 것이다.

　랜덤하다는 것은 각 분자가 각각 제멋대로 돌아다니고 있다
는 것을 말한다. 예를 들면 대야 속에 많은 송사리가 제멋대로
헤엄쳐 돌아다니고 있는 것과 같은 무질서한 상태를 생각하면
된다. 이때 돌아다니고 있는 송사리의 평균 운동에너지로부터
온도를 구한다. 비유하자면 그런 것이다. 그러나 대야의 가장자
리를 톡톡 때리면 송사리는 일제히 소리의 반대 방향으로 도망
갈 것이다. 이때 송사리들은 이미 무질서한 상태로 달리고 있
다고는 할 수 없다(그림 6-4).

　기체 분자의 경우도 마찬가지여서 어떤 방향으로 정돈하여
달리고 있을 때에는 그 에너지는 열운동에너지가 아니다. 태풍

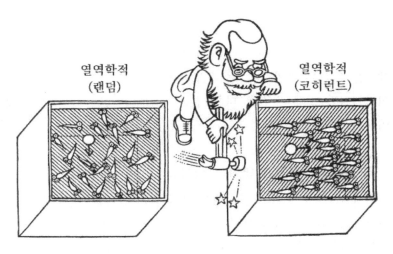

열역학적
(랜덤)

열역학적
(코히런트)

〈그림 6-4〉 역학으로부터 열역학으로

에 정면으로 마주 향하여 서 있다고 하자. 무서운 바람이 얼굴을 때릴 것이다. 그러나 그때의 공기 온도를 알아내기 위해서 기체의 평균 에너지를 구할 때, 불어닥친 공기의 속도까지 집어넣고 평균값을 구해서는 안 된다. 이 점이 중요하다. 바람은 '역학적'이지 '열역학적'이지는 않다.

　어떤 바람이 휙 불어닥쳤을 때 분명 기체는 마이크로하게 랜덤한 운동도 하고 있지만, 전체적으로는 한 방향으로 달리고 있다. 이 몫이 '역학적'인 것이다. 그리고 마이크로한 랜덤성이 '열역학적'인 것이다. 바람은 이윽고 나무를 휘게 하고, 집이나 여러 가지 장애물에 부딪혀 에너지를 잃고 마지막에는 조용해진다. 이와 같이 공기가 바람으로서의 성질을 잃었을 때, 비로소 역학적이었던 에너지는 열역학적이게 되었다고 할 수 있다.

즉 바람은 공기 자체의, 또는 부딪친 물체의 열에너지로 바뀌어 랜덤한 마이크로 운동으로 변해 버린다.

앞에서 열운동에너지라는 말이 나왔는데 운동이므로 역학적인 것은 아닐까 하고 생각하는 사람도 있겠지만 열평형에 도달한 계의 내부에 갇힌 랜덤한 운동은 벌써 역학적이지는 않다. 기체 입자 간에 역학적인 균일한 운동이 있을 때, 입자는 상관을 가지고 있다고 하거나 코히런트(Coherent)라고 하며 이때는 역학적이다. 온도는 역학적 에너지가 열역학적 에너지로 변할 때 올라간다.

컵의 물에서 배운다

컵에 담긴 물을 휘저으면 물은 심하게 맴돌 것이다. 그러나 그 단계에서는 물의 온도는 변하지 않는다. 이윽고 물의 점성은 돌고 있는 물을 다시 고요한 상태로 돌아오도록 작용한다. 그리고 조용해진 컵의 물은 아주 근소하게나마 처음 온도보다는 높아진다. 이 사소한 일상다반사 가운데서 우리는 열역학의 기본적인 성격을 볼 수 있다. 이것을 한 번 더 정리하여 말하면 다음과 같다.

우선 역학계와 열역학계가 있을 때(컵의 물의 회전운동이 역학계이고, 열역학계란 물 분자의 랜덤한 열운동이다) 에너지가 두 계 사이를 이동하여도 전체의 에너지는 변하지 않는다. 이렇게 말하면 극히 당연한 이야기 같지만, 이것이야말로 매우 중요한 일로서 열역학의 제1법칙이라고 부른다. 즉 에너지 보존법칙이다.

다음으로 역학계와 열역학계 사이에 에너지를 주고받을 때, 전체적으로 보면 역학계의 에너지가 열역학계의 에너지 방향으로 이동한다. 이것은 즉 역학적인 물의 운동이 결국은 열로 변한다는 것이다. 이것이 열역학의 제2법칙이라고 불리는 내용이다.

이 법칙의 중요성은 반대 현상을 생각하면 알기 쉽다. 예를 들어 컵 속의 물이 차가워지고(열에너지를 상실), 물이 점점 격렬하게 움직이기 시작한다(열역학계의 에너지가 증가한다)는 등의 이상한 현상은 절대로 일어나지 않는다. 이것은 열역학의 제2법칙이 자연현상의 방향을 지정하는 중요한 법칙이라는 것을 나타내고 있다.

이들은 모두 고전 통계역학의 결과로부터 얻어진 것이다. 이것은 현재도 정당하다. 그러나 옛날 통계역학에는 결국 봉착하여야 할 벽이 기다리고 있었다. 그것을 뛰어넘은 것이 양자 통계역학이다. 고전 통계가 부닥쳤던 두터운 벽, 그것은 도대체 무엇이었을까?

진공의 온도

진공에 온도가 있다고 하면 이해가 안 된다고 의아한 얼굴을 할지도 모른다. 상자 속에 입자를 1개 넣은 것만으로는 온도가 정하여지지 않는다고 방금 말하였다. 이 1개마저 없애 버린다면 온도라는 것은 없어지는 것이 아닌가?

그러나 이 이야기에는 트릭이 있다. 상자 속을 진공으로 하면 확실히 원자나 분자와 같은 '물질'은 없어진다. 그러므로 물질계의 온도라는 것은 의미가 없지만, 온도는 굳이 물질계에서만 정의되는 것은 아니다. 사실은 이것을 말하고 싶어서 끄집어낸 이야기이다.

만일 상자 속에 빛이 가득 차 있으면 이 광자계(光子系)에 대해서 온도를 정할 수가 있다. 이것을 복사계(輻射系)라고 하고, 이 복사계로서 온도를 정의할 수 있을 때 입자계에서와 마찬가지로 복사계는 열평형에 있다고 정의한다.

이런 상태가 실현되는 경우를 구체적으로 제시하여 보자. 예를 들어 쇠막대기를 불 속에서 새빨갛게 달구었다고 하자. 이것을 피부에 가까이 가져오면 닿기 전부터 열기를 느낀다. 이때의 열은 그 일부분의 쇠 부근에 있는 공기 분자가 에너지를 받아서 뜨거운 공기가 되고 그것이 피부에 닿아서 전달된다는 프로세스에도 기인하지만, 대부분은 쇠막대기가 내는 열복사, 즉 광자가 직접 피부에 닿아서 느끼는 열기이다. 이 증명은 간단하여 중간의 공기를 없애도(즉 진공 속에서 막대기를 가열하여 보면 된다) 역시 진공을 통하여 빛의 형태로서(실제로는 파장이 긴 적외선이 주된 것이지만) 외부로 에너지를 운반하고 있는 것을 알 수 있을 것이다.

다음으로 좀 더 이야기를 분명히 하기 위하여 예를 들어 쇠로 상자를 만들어 진공이 되게 하였다고 하자. 그리고 상자째로 고온으로 만들어 새빨갛게 달군 상태를 생각한다. 이 상자 속에서는 새빨간 쇠의 내면으로부터 나온 열선(熱線)이 상자의 다른 면에 충돌하여 흡수되기도 하고 되튕겨 나오기도 하는 상태가 이루어져 있을 것이다.

그런데 열선이 있다는 것은 전자기파가 가득 차 있다는 뜻이다. 전자기파는 광자라는 입자로 보아도 되므로 기체 분자의 열평형의 경우와 마찬가지로 생각하면 어떻게 될까? 즉 진공 속 광자의 열평형이 '볼츠만' 분포로서 실현되는 것이라고 하면 될 것처럼 보인다. 조금씩 에너지가 다른 광자가 여기저기 돌아다니고 있지만 전체적으로는 어떤 평균 에너지를 갖는다. 그것으로부터 진공의 온도가 정하여질 수는 없을까?

이렇게 생각하여 가면 잘될 것같이 느끼겠지만 사실은 그렇지가 않았다. 빛의 에너지 분포를 조사하여 보면 볼츠만 분포로는 되어 있지 않다. 여기에 고전 통계역학의 함정이 있었다.

고전입자의 딜레마

진공 속 전기기파의 에너지가 온도에 따라 어떤 분포를 하느냐는 흑체복사(黑體輻射)의 문제는 플랑크에 의한 에너지양자(量子)의 생각으로서 설명되었다. 그때는 광자라고 하지 않고 어디까지나 전자기파로서의 복사평형을 논하였던 것이다.

그러나 광자를 입자로서 생각한 볼츠만 분포와 플랑크의 결과(그것은 실험과 매우 잘 일치한다)를 대조하여 보면 뚜렷한 차이가 있다. 그 이유는 광자가 고전적 통계분포를 나타내지 않는다는 것이 아닐까? 이렇게 생각하는 것은 아인슈타인과 인도의 보스(Bose)였다.

여기서 일단 광자를 떠나서 전자를 생각하여 보자. 그것에는 원자의 구성에서 언급한 파울리의 배타원리가 적용된다는 것을 회상하여 주기 바란다.

원자 주위에 많은 전자가 있을 때 그 전자 집단에는 고전 통계가 적용되지 않는다는 것에 처음 주목한 사람이 이탈리아의 페르미와 영국의 디랙이었다. 이것을 간단히 말하면, 하나의 양자상태에는 하나의 전자밖에 들어갈 수 없다는 파울리의 배타원리는 고전 통계에서 구하는 입자의 에너지 분포와 서로 일치

되지 않는다는 것이다.

즉 고전 통계에서 열평형을 논할 경우에는 많은 입자 가운데에 우연히 2개의 입자가 똑같은 에너지, 같은 속도로 달리더라도 상관없다. 그러나 파울리의 배타원리는 2개 이상의 전자가 같은 속도로서 달릴 수 없다는 것이다.

여기서 고전입자를 대신하는 양자역학적 입자성을 완성하는 데 있어서 앞에서 말한 광자에 대한 딜레마와 전자에 대한 해명 등을 바탕으로 하여, 이것들 모두를 잘 설명할 수 있는 통계적 경험법칙을 만들고자 생각한 사람이 위의 네 사람이었다. 그래서 이들은 다음과 같이 결론을 내렸다.

페르미 입자와 보스 입자

일반적으로 소립자라고 불리는 입자는 그 수가 많고, 또 소립자를 조합한 원자, 분자의 수는 더욱 많지만 열적 통계, 또는 다입자계의 통계를 생각할 때에는 이야기가 지극히 간단하다. 즉 경험적으로 '열적 통계적 성질을 논할 경우 모든 입자는 예외 없이 두 종류로 나누어진다'는 결론이다. 말하자면 열의 소립자는 2개뿐이라는 것이다.

이 두 종류의 차이는 '계의 상태가 정하여졌을 때 어떤 상태에 들어갈 수 있는 입자가 1개만으로 끝나느냐, 또는 몇 개라도 들어갈 수 있느냐'라는 점이다. 즉 전자는 1개의 에너지준위에 1개밖에 들어갈 수 없는 쪽으로 분류된다. 또 광자는 좀 대응이 어렵지만 후자에 속한다. 앞의 것은 페르미-디랙의 통계에 따르는 입자, 또는 간단히 페르미 입자(페르미온)라고 하고, 뒤의 것을 보스-아인슈타인의 통계에 따르는 입자, 즉 보스 입자(보손)라고 한다. 페르미 입자의 예는 전자, 양성자, 중성자, 또 원자의 예로서 헬륨의 동위원소(^{3}He) 등이고, 보스 입자는 광자, 헬륨(^{4}He) 등이다.

다음으로 중요한 것은 '동일 입자는 구별되지 않는다'라는 것이다. 예를 들면 전자가 2개 있다고 하자. 이 2개를 아무리 비교하여 보아도 우리는 결코 구별할 수 없다. 일상 세계의 '입자'에서는 이런 일은 있을 수 없다. 얼핏 구별이 안 되는 것도 표시를 하면 구별이 된다. 마찬가지 방법으로 만든 야구공에도 잘 살펴보면 꿰맨 곳이 조금은 차이가 있는 등 완전히 같은 것을 만들기도 어렵거니와 사인(Sign)을 한 볼에 이르러서는 확실히 구별된다. 그러나 전자에는 미리 어떤 표시도 되어 있지 않고, 또 사람이 표시를 할 수도 없다. 그래서 마이크로한 입자의 통계는 매크로한 세계와 크게 달라지는데, 그 차이를 간단히 예시하기로 하자.

A와 B라는 2개의 에너지준위가 있다고 하자. 그리고 거기에 넣어질 입자도 2개 있다고 하자. 이 입자에 여러 가지 성질을 부여할 때 어떠한 수용 방법이 있을까?

우선 〈그림 6-5〉의 (a)처럼 입자는 서로 구별되고, 한 가지 상태에 몇 개라도 들어가도 된다고 하자. 이것은 마치 A와 B라는 2개의 용기에 청, 백으로 구분된 공을, 중복도 된다고 하면 몇 가지 방법으로 집어넣을 수 있을까 하는 순열 조합의 문제와 같다. 답은 간단하여 4가지의 방법이 있다.

다음으로 중복을 인정하지 않는다면 몇 가지 방법이 있을까? 이 경우는 (b)로서 답은 두 가지이다. 그런데 전자의 경우에는 앞에서 말한 대로 서로 구별되지 않는다는 조건이 첨가된다.

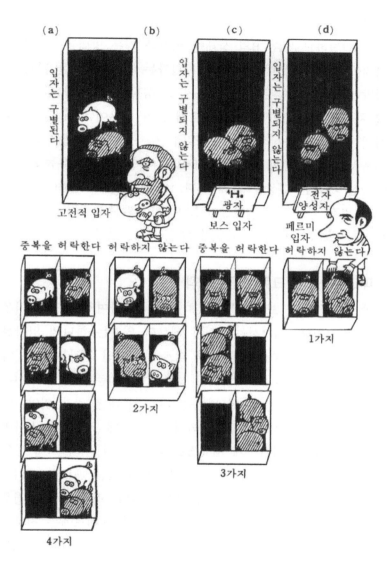

〈그림 6-5〉 입자의 입주 제도

146

이것은 공이 한 색깔일 경우에 해당한다. 우선 보스 입자는 중복을 인정하므로 A, B의 상태에 입자를 넣는 방법은 (c)처럼 3가지이다. 이것에 비하여 페르미 입자는 (d)처럼 단 한 가지 방법밖에 없다. 이렇게 하여 입자는 그 성질에 따라 각 양자상태를 차지하는 방법이 상당히 다르게 되기 때문에 입자 집단으로서의 성질, 즉 통계적, 열적 성질에 큰 차이가 생기게 된다.

독자는 조금 후에 극저온(極低溫)의 이야기에서 초유동(超流動)이라는 기묘한 현상을 알게 된다. 이것이야말로 헬륨(^{4}He), 즉 보스 입자 특유의 통계현상이다. 이것이 페르미 입자, 즉 헬륨의 동위원소(^{3}He)라면 초유동이라는 현상은 일어나지 않는다.

매크로와 마이크로를 연결하다

페르미 입자와 보스 입자의 차이가 확실하여지는 것은 저온에 있어서이다. 거기서는 1개의 페르미 입자는 하나의 양자상태를 독점하고 있다. 예를 들면 페르미 입자인 전자는 모두 아래쪽 에너지준위로부터 차례로 높은 에너지준위로 채워진다. 그 결과 전 전자를 다 써 버렸을 때, 이를테면 원자 이야기에서 나왔던 번지수의 어떤 숫자까지 각 원자에 고유하게 정하여져 있는 전자가 정확하게 채워졌을 때, 그보다 위의 비어 있는 준위와의 경계가 생긴다. 이 경계에너지의 값을 페르미 에너지라고 하며, 이 준위를 페르미 준위라고 한다. 리튬 금속의 경우를 상기하여 보면 1s 궤도는 만원이었지만 2s밴드에는 전자가 꼭 절반까지 채워져 있다. 따라서 페르미 준위는 정확히 2s밴드의 한가운데에 있게 되는 것이다(그림 6-6).

한편 보스 입자는 온도가 낮아지면 최저 준위까지 끝없이 떨

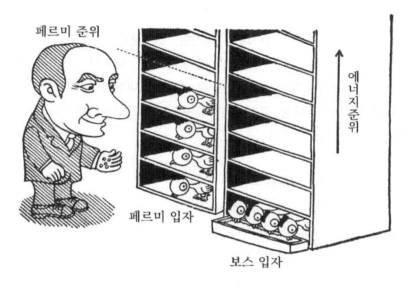

<그림 6-6> 절대영도에서는 에너지준위에 들어가는 방법이 다르다

어진다. 어느 준위도 무한개를 수용할 수 있으므로 온도가 낮
아지면 모든 입자가 가장 에너지가 낮은 준위까지 내려가 버리
기 때문이다. 보스 입자인 광자가 이런 상태가 되고, 그 밖에는
아무것도 없는 것이 절대영도의 '진공'이다.

　여기서 하나 주의하여야 할 것이 있다. 그것은 페르미, 보스
양쪽 통계가 모두 온도가 올라가면 거의 차이가 없어지고 '볼
츠만 통계'에 가까워진다는 것이다.

　이것은 매우 중요한 일이다. 이미 전세기에 완성된 고전 통
계는 양자 통계의 고온근사(高溫近似)라는 것이다. 여기서 마이
크로와 매크로의 길이 튼튼하게 접속되어 있다.

　고온에서는 고전적 입자나 양자적 입자도 외형으로는 같은
행동을 한다. 그러나 양자론적 입자의 독특성은 저온이 되면

148

그 모습을 드러낸다. 매크로한 크기의 상자에 입자를 넣어도 그다지 양자효과는 나타나지 않지만, 그 상자를 작게 하면 뚜렷이 양자적이게 된다는 것은 앞에서 말한 바이다. 온도의 세계에서 상자를 작게 한다는 것은 온도를 내린다는 것이다. 저온이 되면 나타나는 고전 통계의 결점이 고체의 비열에서 단적으로 나타났던 것이다.

무지의 척도 엔트로피

그런데 우리는 온도의 개념으로부터 출발하여 마이크로한 세계에 있어서 입자의 통계적 성질이 어떤 것인가를 보아 왔다. 여기서 화제를 조금 바꾸어, 고전 통계에 있어서 하나의 중요한 결과, 즉 열역학의 제2법칙으로서 나타나는 자연현상의 방향성에 관하여 조금 생각하기로 하자.

고전 열역학의 시대에 이미 확립되어 있었던 개념의 하나에 엔트로피라는 것이 있다. 이것은 고전역학에서 자연현상의 방향을 나타내는 양으로, 예를 들면 뜨거운 물은 결국은 식는다는 일방적으로 진행하는 현상을 설명할 수 있는 주목해야 할 개념이다. 그러나 엔트로피는 압력이나 온도 등의 '양'에 비교하면 조금 이해하기 힘든 '양'이다.

그러나 양자 통계가 등장함에 이르러 엔트로피의 개념이 쉬워졌다. 그러나 단순히 쉬워졌다는 것만이 아니고, 다음과 같이 보다 중요한 의미를 가지게 되었다고 말할 수 있다.

사실 엔트로피는 어느 정도로 막연한가를 나타내는 양이다. 막연하면 할수록, 가능성이 많으면 많을수록 엔트로피는 크다고 한다. 가능성이 오직 하나로만 좁아지면 엔트로피는 제로이

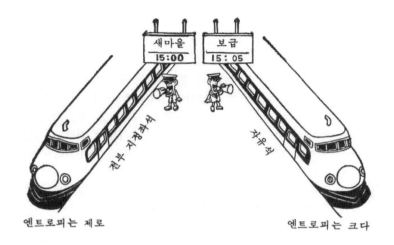

새마을
15:00

보급
15:05

전부 지정좌석

자유석

엔트로피는 제로

엔트로피는 크다

〈그림 6-7〉 경부선 열차의 엔트로피

다. 즉 그때는 막연할 것이 없기 때문이다.

예를 들어 여기에 10사람 몫의 의자가 있다고 하자. 여기에 10사람을 데려왔을 때 누가 어느 의자에 앉을지 모르기 때문에 앉히는 데는 10!=10×9×8× ……×2×1가지 방법이 있다. 그러므로 10사람을 10자리에 앉히려는 조건 아래에서는 10!의 막연성이 있는 것이다. 이런 때에는 엔트로피가 크다.

그러나 이 의자 가운데 한 사람의 자리를 지정하였다면 막연성은 9!가 되어 엔트로피는 줄어드는 셈이다. 또 모두가 지정석이라면 이때는 아무 혼동이 없다. 따라서 막연성은 제로이므로 엔트로피도 제로이다.

다시 말하면 좌석을 지정해 놓고 있는 특급열차는 엔트로피가 제로이다. 그러나 지정석이 없는 보급열차는 극히 큰 엔트로피를 가지고 있다고 할 수 있다(그림 6-7).

[주] 구체적으로 마이크로 세계에서는 엔트로피를 다음과 같이 정하고 있다. k를 볼츠만 상수로 하고 W를 마이크로 상태의 수라고 하면

$$S = k \log W$$

로 나타낸다. 이것이 엔트로피의 통계역학적 표현으로서, 볼츠만에 의하여 고전적으로 구하여져 있었지만 양자론에서 비로소 W가 마이크로한 입자의 양자상태의 수를 나타낸다는 구체적인 내용으로 바뀐 것이다. W가 1, 즉 어떤 1개의 마이크로한 상태밖에 취할 수 없을 때 S는 제로이다. 예를 들면, 뒤에 나오는 예이지만, 자기적(磁氣的)인 이온이 배열하여 강자성을 만들 때, 다시 말하면 이온의 방향이 제멋대로인 상태(엔트로피가 큰 상태)인 상자성체(常磁性體)로부터, 모든 자기적 이온이 같은 방향으로 향하여 있는 상태인 강자성이 되었을 때 엔트로피 제로의 상태가 되었다고 한다.

또 예를 들어 양자 세계에 들어가서 플러스 방향과 마이너스 방향의 스핀상태밖에 취할 수 없는 원자가 N개 있다고 하자. 스핀계가 제멋대로 되어 있을 경우, 즉 어떤 스핀이 상향일 때 다음 스핀은 위나 아래의 두 가지 상태가 있을 수 있고, 세 번째의 스핀 또한 마찬가지라고 할 경우, 가능한 스핀상태는 2^N개 있다. 따라서 이 계의 엔트로피는 $S = k \log 2^N = kN \log 2$가 된다는 것을 알 수 있다.

자연은 되돌아가지 않는다

엔트로피에는 두 가지의 큰 특징이 있다. 그 하나는 그것이 '자연현상의 방향을 가리킬 수 있다'는 점이다. 엎질러진 물은 다시 담을 수 없다는 속담이 바로 이것이다. 죽은 사람을 되살아나게 할 수도 없고, 노인을 젊은 사람으로 되돌릴 수도 없다. 엔트로피는 사실 자연의 흐름을 가리키는 것이다.

다음과 같은 예를 보아도 이것을 이해할 수 있을 것이다. 상자 속에 꼭 절반 정도 기체가 들어 있다고 한다. 다음 순간에는 어떤 현상이 일어날까? 말할 것도 없이 기체는 상자 속의

모든 공간에 흩어져 버린다.

물론 이 변화의 반대 현상, 즉 기체가 자꾸 좁은 공간으로 틀어박혀 버리는 등의 일은 생각할 수도 없고, 또 실제로 일어나지도 않는다. 이때 현상의 비가역성(非可逆性)을 나타내는 양이 엔트로피이다. 왜냐하면 상자의 반만 분자가 차 있었을 때보다, 전체로 흩어져 버렸을 때 분자가 차지할 수 있는 영역이 커지고 그 때문에 분자가 어디에 있느냐에 관한 불확정성이 커지기 때문이다. 이것을 단적으로 표현하는 것이 엔트로피이다.

자연은 보다 확률이 큰 곳으로 옮겨 간다. 그것은 처음에는 한곳에 통합되어 있던 것이 점점 평균화되고 뿔뿔이 흩어져 가는 것을 나타낸다. 즉 엔트로피 증대의 법칙을 따른다. 이 법칙이 옛날부터 열역학의 제2법칙으로서 알려져 있는 것이며, 양자 세계에서도 이것은 옳다. 양자 집단에 있어서도 자연현상의 방향은 모두 평균화로 옮겨 간다.

그러나 고전적이거나 양자적인 세계의 어느 것에도 중요한 제한이 있다. 그것은 '닫힌계에 있어서'라는 것이다. 하나 흥미로운 일을 덧붙여 둔다면 지구(또는 태양을 포함하는 편이 좋을지 모르지만)는 어느 정도 닫힌계이고, 지구의 엔트로피는 전체로서는 증대하고 있다. 그러나 생명이라는 것은 새로운 개체의 발생이므로 물질에 특수한 상태를 만들어 내고 있다. 즉 부분적으로 엔트로피를 감소시키고 있다. 지구 전체로서 엔트로피가 증가하더라도 일부에서는 감소하고 있는 것이다.

열린계의 매혹과 곤혹

열린계의 통계역학이라고 이름 붙여진 것이 있다. 그러나 이것은 어디까지나 제한된 오픈 시스템을 논하는 것으로, 무한히 열려 있다는 것은 아니다. 닫힌계에서는 분명히 최종적 평형 상태로서 엔트로피가 최대인, 말하자면 죽은 것처럼 생기 없는 평균화된 세계가 상상된다.

하나의 상자 속에 있는 기체는 곧 완전한 평형 상태에 도달 하여 끝나게 된다. 그러나 또 다른 상자에 같은 방법으로 기체 를 가득 채우고 이 2개의 상자를 맞붙인다. 그런 다음 창을 만 들어 줄 때 양쪽 압력이 다르다든지 하면 이 합성된 계는 새로 운 평형을 향하여 움직이게 될 것이다.

이 조작이 무한히 계속된다면 계는 영원히 죽지 않고 유동하 게 된다. 따라서 자연이 무한하다면 엔트로피적으로 죽은 세계 는 결코 오지 않을 것이다. 통계역학에 있어서 최대의 곤혹은 "자연은 무한한가?"라는 과학 일반의 밑바탕에 있는 물음에 직 면하는 데 있다. 인간의 지혜가 발달함에 따라, 오히려 열려 있 는 자연에 한계가 있다고 속단할 수는 없을 것이다. 상대성이 론은 우주가 유한하다고 암시하고 있지만 그것은 어디까지나 수학적 가능성의 범주를 벗어나지 않는다. 적어도 어떠한 수단 으로써, 직접 관찰함으로써 존재를 확인하여 온 자연과학의 입 장으로서는 전 우주는 아직 거의 미지의 세계라고 하여야 할 것이다. 그런데 닫힌계는 결국 엔트로피 최대의 상태가 되고 만다. 이것은 시간적, 즉 역사적 필연을 나타내고 있다고 말할 수 있다.

우리가 늘 반성하고 있는 일이지만, 독창적인 연구라는 것은 현존하는 계(그 영역이 알려져 있는 한 이것은 닫힌계라고 보아도 된다)에 접속되어야 할 새로운 계를 발견하려고 노력하는 데에 있다고 말하여도 좋을 것이다. 이리하여 학문은 죽지 않고 진화하여 간다. 물성 물리학은 예전부터 물질 속에 놀라운 심오한 세계가 있음을 발견하고 그런 새로운 계로 사람들을 인도하여 보여 주고 있다고도 말할 수 있다.

수천 년 전 아르키메데스는 금과 은을 집어 들고 "비중이라는 개념이 이 둘을 구별하고 중개하는 인자이다"라고 부르짖었다. 지금 우리는 금과 은을 집어 들고 전자구조가 이 두 가지를 구별하는 것이라고 말한다. 새로운 세계의 발견은 무대를 바꾸고 물질을 바꾸는 것만으로 가져와지는 것은 아니다. 동일한 물질을 다루어도 우리는 전혀 다른 새로운 열린계에 관한 지식의 샘 입구에 설 수 있는 것이다. 물성 물리학은 진정 이와 같은 프로세스를 밟아서 성장하여 온 것이라고 말할 수 있을 것이다.

정보와 엔트로피

엔트로피에는 또 하나의 재미있는 면이 있다. 이것은 정보량의 파라미터라는 점이다. 주사위를 던져 보자. 속임수를 쓰지 않는다면 1부터 6까지의 눈이 나올 확률은 모두 같다.

즉 가능한 상태의 수는 6이다. 던질 주사위의 눈을 보기 전의 일이다. 만일 주사위의 눈을 보면서 던지면 그때는 확실히 어떤 확정된 눈이 나오게 할 수 있을 것이다. 그러면 이미 그 눈의 확률은 1이고 다른 것은 제로이다. 즉 확정된 상태가 한 가지뿐으로 따라서 엔트로피는 제로가 된다. 본 그 순간에 엔트로피는 홀연히 변화하여 버리는 것이다.

지금은 이것을 정보이론의 입장에서 생각하자. 주사위를 던

져만 두고 아직 눈을 보기 전일 때, 이 계는 6가지의 가능한 지식을 줄 수 있는 능력이 있다. 따라서 그것이 정보원(情報源)이다. 다음으로 이 정보가 통신 장치를 통과한다. 이 경우 통신 장치는 주사위를 비추는 빛과 사람의 눈에 해당하고, 이것을 통해 정보가 인간에게 들어간다. 주사위에 있었던 정보가 사람에게로 이동한 것이다.

이렇게 하여 엔트로피와 정보는 완전히 동질의 것임을 알았으리라고 믿는다. 엔트로피란 인간의 활동까지도 포함하는 함축성 있는 양이라고 하여야 할 것이다.

레이저를 낳는 마이너스 온도

레이저는 지금 눈부신 속도로 연구가 진행되고 있어서 최근에는 아이들의 만화에까지 등장한다. 통계 이야기 끝에 이 레이저의 기본이 되는 마이너스 온도에 대하여 조금 말하여 보자. 이것은 통계의 세계에 하나의 화제를 제공한 최근의 한 성과이기도 하다.

먼저 우리가 온도를 측정할 때의 일을 생각하여 보자. 당연한 일이지만 온도계를 사용한다. 그런데 온도를 측정하는 것은 매우 실제적인 일이어서 여러 가지 미묘한 문제가 일어난다. 예를 들면 "머리가 아파서 체온을 재어 보니 38℃이다. 아마 감기에 걸린 모양이다"라고 말하면 누구든지 납득하게 되지만, 이 온도는 "겨드랑이를 체온계로 재어 보았더니"라는 조건을 전제로 하고 있다. 입안에서 재어 보는 온도가 다르고, 같은 몸의 온도라도 간 등은 40℃나 되므로 정확히 체온을 말하려면 이야기는 꽤 복잡해진다.

그래서 우리는 '수은 체온계를 사용하여 겨드랑이 밑의 온도를 잰다'는 전제로 측정한 온도를 실제적 온도 또는 유효온도라고 한다. 말하자면 겨드랑이 밑이라는 국소적 공간을 선별하여 그곳의 온도를 액체수은의 부피팽창계수를 이용하여 측정하는 것이다.

일반적으로 온도의 측정은 국소적인 부분에 한정하여 측정하는 것이 보통인 것을 유념하여 두자. 또 온도계에도 여러 가지 종류가 있으므로 경우에 따라 우리는 가장 적당한 온도계를 사용하고, 그리고 타당하다고 생각되는 곳을 선별하여 온도를 측정한다.

예를 들면 기체의 온도를 측정하는 데는 수은 온도계를 꽂아 재어도 되고, 열전대라 불리는 열기전력(熱起電力)현상을 이용하여도 된다. 또 보일-샤를의 법칙을 사용하여 일정량의 기체의 압력, 부피를 측정하여도 된다. 또는 기체와 열평형에 있는 빛(전자기파)의 분포로부터 플랑크의 공식을 응용하여 온도를 정하여도 된다.

그러나 이와 같이 온도를 측정하여 가면 기묘한 일이 일어나는 경우가 있다. 그 좋은 예를 제공한 것이 현재 가장 우수한 전파증폭기로서 사용되고 있는 메이저, 또 빛의 증폭 및 발진 장치로서 개발된 레이저이다. 이것은 일부의 선별된 곳 속에서 '마이너스 온도'라는 이 세상에서는 있을 수 없는 온도가 실현되고 있기 때문이다.

온도에는 본질적으로 마이너스라는 것이 없다. 즉 절대영도보다 낮은 마이너스 온도는 없는 것이다. 왜냐하면 온도는 마이크로한 열운동에너지의 평균으로서 정하여지고 그것이 마이너스는 될 수 없기 때문이다. 그러나 다음과 같은 경우에는 겉보기의 온도로서 마이너스가 나타난다.

어떤 물질에 특정 진동을 가진 매우 강한 빛을 쬐이면 물질은 이 광에너지를 흡수한다. 당연하지만 이 에너지를 흡수한 준위에 있는 입자, 예를 들면 전자의 수가 예사롭지 않게 증가되어 그보다 낮은 에너지를 가진 입자의 수보다 많아지는 경우가 있다. 보통은 어떤 온도를 지정하면 에너지가 높은 상태에 있는 입자는 작고, 낮은 쪽의 입자가 많으므로 이 에너지 분포를 보면 마치 온도가 마이너스로 된 것처럼 보인다. 다만 이 두 분위만을 선별하여 볼 경우이다.

이와 같은 상태가 새로운 증폭 능력을 가졌다는 것이 메이저와 레이저의 원리가 되고 있다. 그리고 입자가 이 높은 에너지 상태로부터 낮은 준위로 떨어질 때에 나오는 것이 위상(位相)이 가지런하고 극히 질서 정연한 레이저광이다.

레이저에서 마이너스 온도의 실현을 위해서는 강한 빛을 쬐인다는 것이 언제나 필요하다. 이와 같은 노력(?)의 결과 일부의 '선별'에 마이너스 온도가 실현된다. 이런 생각은 사실은 더 일반적인 것에 대해서도 말할 수 있다.

예를 들면 진공관에 플레이트 전류를 부지런히 흘려 보내는 노력(?)에 의하여 그리드(격자)에 마이너스 저항이 발생하고 진공관이 증폭 능력을 갖는다는 것과 흡사하다. 마이너스 온도든 마이너스 저항이든 어느 것이나 이 세상에서 단독으로는 있을 수 없는 것이다. 그러나 예를 들어 '선별된 세계'라고 할지라도 그것이 실현되었다면, 거기에는 전혀 새로운 증폭이나 발진 등 성질이 다른 기묘한 현상을 낳게 되는 것이다.

7. 극저온의 세계

세상에서 가장 조용한 곳

'이제는 틀린 것이 아닌가?' 누구나 다 그렇게 생각하기 시작하였다. 윙윙대는 컴프레서 소리, 맥 빠진 듯한 진공펌프의 단조로운 소리, 큰 소리를 지르지 않으면 서로 이야기가 통하지 않을 만큼 시끄러운 이 실험실에서 사실은 이 세상에서 가장 조용한 세계, 극저온 영역을 향한 세계적인 선구적 도전이 일어나고 있었다.

지금까지 완강히 액체가 되기를 계속 거부하여 온 헬륨 가스가 어지럽게 파이프를 돌아다니고 있었다. 이 가스가 반복 냉각되어, 이윽고 그 움직임을 중지할 때 세계적 난제였던 액체 헬륨이 깊숙한 용기 밑바닥에 나타나게 될 것이다.

개량에 개량을 거듭하고, 궁리에 궁리를 더하여 오늘을 기다리고 있던 카메를링 오너스는 얼어붙은 듯이 액화기 앞에 서 있었다. 1908년 7월 10일 네덜란드 레이던대학의 연구실은 곧 어둠 속에 감싸이려 하고 있었다.

"좀 이상한데……"라고 말한 것은 초빙받아 그의 연구실에 와 있던 쉬라인 마커였다.

"온도가 예상보다 조금 높기는 하지만 온도계 눈금의 움직임이 멎었군. 이건 액체가 되어 온도가 일정하게 되었는지 모르겠는걸. 다시 한 번 잘 주의해서 들여다보자."

뚜껑이 다시 제거되고 약한 빛이 용기 속을 비추었다. 홀연히 빛나는 액면이 나타났다. 손바닥으로 떠낼 수 있을 것 같은 무색투명한 액체가 벌써 용기 속에 가득 차서 끓고 있었다. -269℃, 절대온도로 불과 4.2°K. 이 순간 레이던은 세계 극저

〈그림 7-1〉 실험실의 카메를링 오너스

온 연구의 메카가 되고, 오너스는 자기 자신도 예상하지 못했던 초전도, 초유동현상(超流動現象)이라는 물성 연구의 중심 과제를 개발하는 개척자로서의 운명을 전개하였다.

옛 개척자들

인공적으로 찬 것을 만드는 일은 꽤 오래전부터 하고 있었다. 처음으로 제빙기가 만들어진 것은 1755년이다. 얼음을 만들 수 있다는 것은 0℃까지의 온도를 자유롭게 조절할 수 있다는 것을 의미한다. 이윽고 액체암모니아, 고체 이산화탄소(드라이아이스) 등이 만들어지게 되고, 0℃ 이하 수십 도까지의 실현이 인공적으로 가능하게 되었다. 그다지 알려져 있진 않지만,

전자기학의 창시자인 패러데이는 젊었을 시절, 처음으로 염소(鹽素)를 액화하는 데에 성공하였다. 1823년의 일이었다. 위대한 인물은 결코 한 가지 일에만 뛰어난 것이 아니다. 그도 역시 멋진 능력을 가진 인물이었다.

이윽고 1895년에는 독일의 린데, 영국의 햄프슨 등이 공기를 액화하는 어려운 일을 성취하였다. 그때의 온도는 마이너스 약 180℃, 북극이나 남극의 혹한기에도 있을 수 없을 정도의 저온이었다.

일반적으로 기체의 온도를 내려서 액화하는 것은 먼저 기체를 압축하는 것에서부터 시작한다. 압축에 의해 기체는 열을 방출하는데, 이것을 냉각하여 주위와 같은 온도까지 내려 둔다. 그런 다음 고압으로 된 이 기체를 진공실로 뿜어 넣는다.

고압 기체 분자는 서로 접근하고 있기 때문에 분자 간 인력에 의한 에너지상태가 낮아져 있다. 이것이 갑자기 격리되면 팽창하여 늘어나고, 기체는 분자의 열운동으로부터 에너지를 빼앗아 처음의 높은 에너지상태로 돌아간다. 그 때문에 기체의 온도가 내려간다. 이것을 몇 번이고 반복하면 끝내는 기체의 일부가 액체로 된다.

압축된 기체를 팽창시키면 온도가 내려가는 현상을 줄-톰슨효과라고 부른다. 이 현상은 이상기체(理想氣體)에서는 일어나지 않지만, 실제 기체에서는 분자 간에 극히 약하기는 하지만 인력이 있으므로 일어나는 것이다. 그리고 분자 간에 인력이 있기 때문에 온도를 충분히 내려 주면 액체가 된다. 그러므로 이 인력이 매우 약한 이상기체에 가까운 기체는 좀처럼 액체가 되지 않는다.

사실 불활성기체(不活性氣體)라고 불리는 헬륨, 네온, 아르곤 등은 액화하기 어렵다. 그중에서도 헬륨은 1s궤도에 2개의 전자가 들어 있고, 전체 전자 수가 적은 데다 폐각구조(閉殼構造)를 이루고 있으므로 분자 간의 상호작용은 매우 작다. 따라서 좀처럼 액체로 만들 수 없었다.

여기서 등장한 인물이 카메를링 오너스이다. 대머리를 보기만 하여도 정력적인 풍모의 그는 정말 개척자의 이름에 어울리는 인물로 투사이기도 하였다. 19세기도 다 지나갈 무렵 물리학의 주류는 양자론의 여명기에 있었고 모두 새로운 시대의 진통을 겪고 있었다. 그러나 네덜란드의 오너스는 그런 일에는 조금도 관심이 없었다. 오직 '모든 기체를 액체로, 그리고 고체로 만들어 놓겠다'라는 집념에 불타 있었다. 약관 29세에 레이던대학 교수가 된 그의 앞을 가로막고 선 기체는 수소와 헬륨뿐이었다.

1904년, 그는 액체공기를 대량으로 만드는 장치를 완성하였다. 이 대량의 액체공기를 냉각제로 하여 고심참담한 노력 끝에 끝내 수소를 액화하는 일에 성공하였다. 그것은 1906년의 일로서, 얻어진 온도는 -250℃였다. 절대영도보다 겨우 20도 남짓 높을 뿐이었다. 그리고 그 2년 후 끝까지 버티던 헬륨도 결국은 항복하였다.

왜 저온을 얻으려고 할까?

온도를 내리는 것이 왜 그렇게 중요한 일일까 하고 의아해하는 사람이 있을 것이다. 그러나 물질의 성질을 규명하려 할 때에, 온도를 낮춘다는 일은 여러 면으로 매우 중요하다. 높은 온도에서는 물질 속의 열운동이 활발하여 미세한 현상은 격자진동 (格子振動)의 광란 속에 파묻혀 버린다. 그러나 온도를 내림에 따라 열운동이 그 활발성을 잃어 가기 때문에 보통은 보고 넘겨 버릴 만한 새로운 중요한 사실이 두드러지게 부각되어 오른다.

예를 들어 보자. 상온 부근에서 금속의 전기저항은 압도적으로 격자의 열운동에 기인되며 그 밖에 무엇이 영향을 주는지 알 수 없다. 그러나 온도가 내려가면 그때까지 격자의 열운동의 그늘에 가려 있던 불순물에 의한 효과가 뚜렷이 떠오른다. 오너스가 1911년에 처음으로 금에서 발견한 잔류저항(殘留抵抗)이라고 불리는 현상 등도 그것이다.

또 온도가 저온으로 내려가면 갑자기 예상도 못 했던 현상이 나타난다. 오너스가 발견한 초전도현상도 그 한 예로서 금속의 전기저항이 완전히 제로가 되고 만다. 또 액체헬륨 자체가 나타내는 초유동현상도 오너스에 의하여 발견된 새로운 현상이다.

또 최근에는 극저온이 아주 조용한 세계인 것을 이용한 실용적 장치가 여러 가지 나와 있다. 예를 들면 일본의 이바라키현 가시마(鹿島)에 있는 우주 중계용 수신기는 액체헬륨을 이용하여 극저온을 유지함으로써 극히 조용한 잡음이 없는 상태에 놓여 있다. 그 증폭기가 메이저인데, 이것을 사용하여 우주를 경유하는 매우 약한 전파를 포착하고 있다.

또 앞에서 말한 초전도현상을 이용하면 전기저항이 제로인 이상적인 송전선을 만드는 것이 가능하게 된다. 지금 당장에는 우수한 대전력 송전선에 응용되지는 못하더라도 이 사실은 앞으로 무한한 응용 가치를 가지고 있는 듯하다.

최근 종래의 화력발전에 혁명을 가져올 것이라고 하는 플라스마 응용 MHD발전 방식은 초전도선으로 만든 전자석이 꼭 필요하다. 초전도선으로 자석을 만들면 전력의 손실이 없기 때문에 극히 경제성이 높다.

이와 같이 극저온은 단순히 기초 물리학의 중요한 테마일 뿐 아니라, 엔지니어들에게도 주목의 대상이 되고 있다. 최근 극저온 엔지니어링이라는 말이 꽤 넓게 퍼져 나가고 있는 것도 이 때문이다.

4중 유리 속

보온병이라는 것이 있다. 현재 커피나 차를 마시기 위하여 하나 정도는 집집마다 준비되어 있지만, 극저온을 유지하기 위해서도 이 보온병의 원리를 이용한다.

요컨대 보온병은 이중 유리 벽 사이를 진공으로 유지함으로써 기체에 의한 열전도를 제로로 한다. 다음은 전자기파에 의한 복사 손실이 문제인데, 이것은 그다지 많은 열을 단시간에 옮길 수 없으므로 보온병은 안팎의 온도차를 비교적 장시간 유지할 수 있는 것이다.

그런데 액체헬륨과 같이 극도로 찬 것의 경우 이런 정도의 설비로는 불충분하다. 즉 복사열이 중대 문제가 되므로 보통의 보온병에 넣는 정도로는 곧 증발하여 기체가 되어 버린다. 그래서 보온병을 이중으로 하여 바깥쪽 병에 액체공기 등을 넣어 둔다. 그리고 속에 있는 병에 액체헬륨을 주입한다. 이렇게 하여 -269℃의 유지가 실현되는 것이다. 즉 바깥쪽의 상온 세계와 액체헬륨의 세계 사이에는 유리가 4장(물론 금속 보온병이라는 것도 있지만) 들어 있다. 처음에 유리, 다음으로 진공→유리,

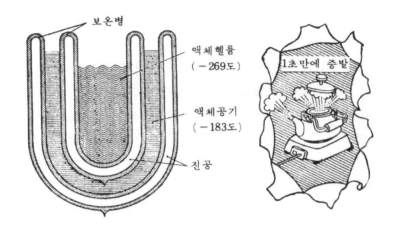

〈그림 7-2〉 액체헬륨을 저장하는 방법

액체공기→유리→진공→유리, 그리고 간신히 4.2℃의 세계가 전개된다(그림 7-2).

최근 일본에서도 급속히 극저온 연구가 발전되었지만 유감스럽게도 이 헬륨이 생산되지 않는다. 일본에서는 한국 동해 쪽에 있는 석유 지대로부터 나오는 천연가스에 극히 소량이 혼입되어 있다는 것이 알려져 있지만, 분리가 매우 힘들어 도저히 수지가 맞지 않는다. 그래서 현재는 주로 캐나다, 미국으로부터의 수입에 의존하고 있다.

한때 미국에서 록컨이라는 로켓이 개발되었다. 이것은 지상으로부터 로켓 엔진을 작동시키는 것은 효율이 낮으므로, 기구(氣球)로써 20~30㎞의 고도까지 올려 놓고 거기서부터 발사하려는 것이었다. 이 연구의 진행 중에는 헬륨 가스(수소로는 위험하므로 기구에는 헬륨이 이용되었다)가 미국의 수출 금지품 리스트에 올라 일본이 안절부절못한 적이 있다.

그러나 이 로켓은 실패하였다. 기구라는 것은 바람 부는 대로 흘러가므로 정밀도도 나쁘고 시간도 걸렸기 때문이다. 결국 헬륨이 수출 금지 리스트에서 제외되어 일본 등 헬륨을 필요로 하는 나라의 학자들은 일단 마음을 놓았다.

신비의 액체, 헬륨 II

액화된 헬륨은 일견 평범한 무색투명한 액체이다. 1기압 아래서 비등점은 4.2°K(절대온도를 나타내는 온도 단위로 열역학의 개척자 켈빈의 머리글자를 따서 K라고 쓴다)이다. 이 온도와 그 바로 아래 부근에서는 사실상 보통 액체와 다를 바 없다. 그러나 물에 비교하면 약 1,000배나 증발하기 쉬우므로 극히 적은 열이 가하여져도 순식간에 사라져 버린다.

예를 들면 주위에 뒹굴고 있는 쇳덩어리를 액체헬륨 속에 넣으면 1~2ℓ 정도는 순식간에 증발하여 기화한다. 또 빛을 번쩍 비추기만 하여도 급격한 비등(끓어오름)이 일어난다. 만일 가정용의 1kW 전열기로 한 주전자의 액체헬륨을 데운다면 모두 증발하는 데는 2초도 걸리지 않을 것이다. 전열기가 윙 하고 소리를 내는 순간에 끝나므로 니크롬선이 달아오르기까지 액체헬륨이 남아 있지 못한다.

그러나 액체헬륨의 기묘성은 이제부터 나타난다. 액체에 접하는 공간의 헬륨 기체의 압력을 진공펌프로 계속 내려 준다. 그러면 액체의 비등점도 자꾸 내려가서 약 1°K 정도까지 내릴 수 있다. 압력이 낮아지면 비등점도 낮아지는 것은 기압이 낮은 높은 산에서 밥을 지으면 60~70℃에서 비등하므로 밥이 설

익는 것과 같은 이치이다. 이렇게 하여 4.2°K의 액체헬륨은 계속 온도가 내려간다. 그리고 약 2°K, 좀 더 정확히 말하면 2.18°K를 지나면 헬륨은 이상한 물질로 모습을 바꾼다.

이 액체를 잘 관찰하고 있는 사람에게는 여전히 무색투명하고 부피에도 변화가 없어 보인다. 그러나 기묘하게도 여태까지 맹렬하게 비등하고 있던 액체가 갑자기 조용하여지고 기포가 전혀 나오지 않게 되어 버린다. 이 상태를 기호적으로 '헬륨 II'의 상태라고 부른다. 이것에 비하여 2.18°K 이상의, 말하자면 보통의 상태를 '헬륨 I'이라고 한다. 이 현상은 헬륨만의 현상으로서 다른 어떤 물질도 이렇게 되지 않는다.

아까 불가사의한 물질이라는 표현을 사용하였는데, 도대체 헬륨 II의 기묘성은 어디에 있을까? 우선 이 액체에는 점성이 전혀 없다. 극도로 매끄러운 상태를 나타낸다. 따라서 아무리 좁은 틈이라도 방해받지 않고 슬쩍 빠져나간다.

또 헬륨 II를 〈그림 7-3〉과 같이 유리 용기에라도 담아 떠올렸다고 하자. 보통 액체라면 용기를 기울이지 않는 한, 그대로 얌전히 들어 있는 것이 당연하다. 그러나 헬륨 II의 경우는 용기의 가장자리보다 충분할 만큼 액면이 낮은데도 불구하고 액체가 쑥쑥 기어 올라와 뚝뚝 떨어진다. 구멍도 장치도 없는 컵에 담은 헬륨 II가 방울이 되어 떨어지는 것이다.

이 반대도 가능하다. 헬륨 II 속에 빈 컵을 그림처럼 밀어넣으면, 아직 컵의 가장자리가 액면보다 훨씬 높은데도 액체가 자꾸 컵 속으로 들어와 고인다. 또 상자에 헬륨 II를 넣어 그것을 빙빙 돌렸다고 하자. 보통 액체라면 상자의 움직임에 따라 차츰 회전을 시작한다. 그리고 액면은 결국 포물면이 되고

액체가 저절로
흘러나와 버린다

액체 면이
올라온다

〈그림 7-3〉 초유동이 되면……

액체 자신도 내부에서 소용돌이를 일으키면서 회전하게 된다.
그러나 헬륨 II는 점성이 제로이므로 내용물은 언제나 그대로
있고 상자만이 돈다. 다만 어떤 스피드를 넘지 않아야 한다(이
조건은 아주 엄격하여 실제로는 좀처럼 잘 되지 않는다).

　이와 같은 기계적인 흥미로운 성질이 카피차라는 러시아의
물리학자에 의해서 약 30년쯤 전에 연구되었지만, 사실 헬륨
II에는 그 이외에도 중요한 성질이 있다. 이것은 열전도도가
매우 크다는 것이다. 앞에서 액체헬륨을 펌프로 감압하여 헬륨
II로 바꾸었을 때 기포가 일제히 사라진다고 말하였는데, 열전
도가 지극히 커진다는 것이 그 원인이다. 열이 전달되기 쉬워
지면, 가령 내부에 기포가 생기기 시작하더라도 거기에 축적될

터였던 열이 단번에 액면까지 운반되어 액체는 표면에서 기화하므로 내부의 기포가 사라져 버린다.

그런데 이런 기묘한 성질을 마이크로한 세계의 입장으로부터 이해하려 하면 대체 어떻게 되는 것일까?

빠져든 보스 입자

헬륨 II의 비밀은 사실은 통계역학의 비밀이기도 하였다. 앞에서도 말한 바와 같이 헬륨 원자는 작고 딱딱하기 때문에 상호작용이 약하다는 특징이 있다. 그러나 극저온에 있어서의 이 기묘한 변신을 해명하는 데에는 헬륨이 통계적으로 지극히 중요한 성질을 가졌다는 것이 밝혀졌다. 그것은 헬륨 원자가 보스 입자라는 것이다.

이미 보아 왔듯이 온도가 높을 때에는 페르미 입자와 보스 입자가 거의 차이를 나타내지 않는다. 둘 다 고전적인 볼츠만 입자처럼 행동한다. 그러나 극저온이 되면 상태가 완전히 달라진다. 품행이 단정한 페르미 입자는 파울리의 규칙에 따라서 하나씩 차례로 낮은 에너지준위부터 채워진다. 그러나 보스 입자는 파울리의 배타원리 등은 아랑곳없다. 6장에서 설명한 바와 같이 모두 가장 낮은 에너지상태로 와르르 떨어져 내린다. 이 보스 입자가 매우 많이 최저 상태로 모여들었을 때, 그 집단은 상식을 벗어난 성질을 나타낸다. 그것이 초유동이다. 이미 예로 든 몇 가지 기묘한 행동이 초유동 보스 입자의 특성인데 구체적으로 설명하기에는 조금 어려우므로 생략한다. 그러나 요점을 말하면 최저 상태에 있는 입자는 모두 한 덩어리가 되어 극히 통제가 잡힌 움직임을 하여, 흡사 액체 전체가 1개의

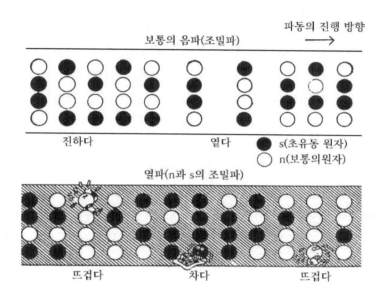

<그림 7-4> 헬륨 내의 열의 파동

분자처럼 된다. 바로 눈에 보이는 분자이다.

액체헬륨에 대해서 하나 더 중요한 견해를 말하겠다. 그것은 2유체(二流體)라는 관념이다. 2.18°K 이하에서 헬륨은 최저 상태로 빠져든 원자를 가진다고 하였는데, 유한한 온도에서는 아직 최저 상태로 빠져들지 않은 원자가 많이 우글거리고 있다. 앞의 것을 슈퍼(Super) 상태에 있다는 의미에서 s입자, 뒤의 것을 노멀(Normal)하다는 의미에서 n입자라고 하자. 유한온도에서는 n과 s가 혼합액으로 되어 있다고 생각하면 되지만, 온도가 올라가면 n이 불어나고 온도가 내려가면 s가 불어난다. 이런 상태의 계가 되면 n뿐이었던 헬륨 I과는 또 다른 현상이 일어난다. 거기에 나타나는 것이 제2의 음파라고 불리는 것이다.

음파란 물질을 구성하고 있는 원자나 분자가 움직여서 전하는 파동이다. 그런데 n과 s라는 두 종류의 입자가 있는 2유체에서는 움직이는 입자에 두 종류가 있다. 그러면 n과 s가 함께 움직이는 파동과 따로따로 움직이는 파동이 생길 것이다. 함께 움직이는 것은 보통 음파가 되지만, 따로따로 움직이는 것은 2유체 특유의 파동이다.

이것은 란다우와 팃서에 의하여 예언되고 러시아의 페시코프가 처음 발견한 현상이다. n과 s의 운동의 특징적인 부분은 공간적으로 n이 불어난다는 것은 온도가 올라간다는 것이며, s가 증가한다는 것은 그 반대라는 점이다. 그러므로 n과 s가 요동하여 파동이 된다는 것은 반대로 말하면 뜨겁고 찬 것이 파동이 된다는 것이다. 즉 이것은 열의 파동이다.

실험은 그리 어렵지 않다. 헬륨 II 속에 극히 작은 교류 히터를 넣어 둔다. 그리고 조금 떨어진 곳에 '뜨겁다', '차다'를 재빨리 감지할 수 있는 응답이 빠른 교류 온도계를 둔다. 그러면 히터에서 만들어진 제2음파는 바로 '열의 교류'가 되어 온도계에 도달한다. 이것이 n-s 혼합액으로서의 특징이 뚜렷이 나타나는 실험으로서 유명한 것이다.

초전도의 수수께끼

이야기를 바꾸어 극저온 아래에서 금속의 현상을 살펴보자. 오너스가 헬륨의 액화에 성공하여 극저온의 물성 연구를 시작한 지 얼마 안 되어 그는 이와 같은 저온에서 수은의 전기저항이 완전히 제로가 되는 것을 발견하였다. 1911년의 일이다.

처음 오너스는 이것은 무언가 잘못된 일이라고 생각하였다. 본래 전기저항이 작은 은이나 구리라면 몰라도 상온에서는 오히려 저항이 크고 전기전도도가 나쁜 수은의 전기저항이 전혀 없어진다는 것은 도저히 생각할 수 없었다. 그러나 잘 조사하여 보니 수은에 한하지 않고 주석, 인듐과 같은 금속에서도 전기저항이 제로가 된다는 것이 밝혀졌다.

초전도현상이 발견되었다고는 하지만 많은 사람들이 꽤나 오랫동안 그것을 의심하였다. 정말 저항이 제로가 될 수 있을까? 그래서 이런 실험을 한 사람이 있다.

초전도체로 원형의 고리를 만들고 여기에 막대자석을 넣어 액체헬륨 온도까지 냉각시킨다. 어떤 온도 이하에서 고리가 초전도가 된 것을 확인한 다음 중심의 자석을 빼낸다. 그러면 자력선(磁力線)이 변화하므로 고리에 전류가 흐르게 된다. 이것이 이른바 원전류이다.

보통 금속이라면 이렇게 하여 유도된 전류는 저항 때문에 금방 없어져 버린다. 그런데 이것은 초전도이므로 전류는 언제까지나 없어지지 않고 남아 있을 것이다. 정말일까?

실험 결과는 확실히 그러하였다. 일단 유도된 전류는 언제까지고 계속 흘렀다. 이렇게 몇 달 동안 전기는 계속 흘렀다. 그러나 몇 달째에야 드디어 전기는 흐르지 않게 되었다. 왜냐하면 헬륨 액화기가 고장을 일으켰기 때문이다!

이런 사실로부터 사람들이 초전도의 존재를 의심하지 않게 된 무렵 초전도에 수반되는 한 가지 중요한 현상이 발견되었다. 그것이 마이스너 효과이다. 1933년, 독일인 마이스너가 발견하여 그런 이름이 붙여졌다.

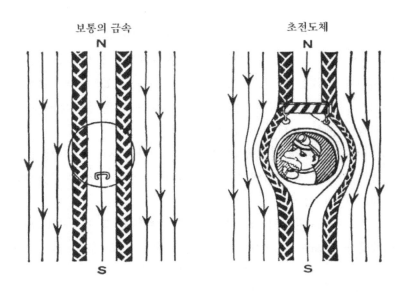

〈그림 7-5〉 자력선은 초전도체를 피하여 통과한다

　이 효과를 한마디로 말하면 초전도체 속에는 자기장이 들어갈 수 없다는 것이다. 초전도체에 자기장을 걸면 자력선은 〈그림 7-5〉처럼 초전도체를 완전히 피하여 지나간다. 자력선이 들어가지 않는다는 것은 초전도체 내부에서 자기장의 세기가 제로라는 것을 의미한다. 또 이런 상태를 실현하기 위하여서는 금속 표면에 외부 자기장을 지워 버릴 만한 전류가 흐르고 있어야 한다. 외부 자기장에 저항하는 전류에 의한 자기, 그것은 정의에 따르면 반자성(反磁性)이라고 한다. 더구나 외부 자기장을 완전히 없애는 것이므로 초전도체는 완전반자성체라고도 불린다.

　완전반자성을 나타내는 재미있는 실험이 있다. 그것은 '떠오르는 자석'이라고 하는 것으로 초전도체로 종지를 만들어 그 속에 보통 자석을 넣어 둔다. 그러면 종지는 완전반자성이므로 보통 자석이 튕겨 나간다. 즉 N극에는 N이, S극에는 S가 서로 마주 보게 된다. 이 때문에 자석은 위로 밀어 올려져서 다음 사진처럼 공중에 떠오른다.

그런데 이와 같이 자기를 몰아내는 성질에도 한도가 있다는 것을 알게 되었다. 확실히 초전도체에 자기장을 걸면 자기를 내부로 넣지 않으려는 작용이 나타나지만, 자기장의 세기가 어떤 일정 값을 넘어서면 초전도성이 파괴되고 보통의 전자상태가 된다. 전기저항은 보통의 금속처럼 되고 특별히 다른 이상한 현상이 나타나지 않는다.

BCS 탐정 미스터리를 풀다

초전도현상을 이론적으로 이해하려는 시도는 많은 사람에 의하여 있었다. 그러나 오랜 세월에 걸친 노력도 연달아 실패로 끝났다. 미국의 스탠퍼드대학에서 자기공명현상(磁氣共鳴現象)의 발견으로 노벨상을 수상한 위대한 블로흐가 마이스너 효과가 발견된 조금 뒤에 발표한 논문에서 "생각할 수 있는 모든 방법을 쓰더라도 초전도는 도저히 설명될 수 있는 것이 아니다"라고 탄식했을 정도이다.

이윽고 세계는 제2차 세계대전에 휩쓸렸다. 그런데 종전을 맞이하여 세계적으로 연구가 재개되자 얼마 후 몇 가지 힌트가 조금씩 떠오르게 되었다.

먼저 주목된 것은 동위원소효과의 발견이다. 어떤 원소의 동위원소만으로 초전도체를 만들고, 그것이 초전도를 나타내기

174

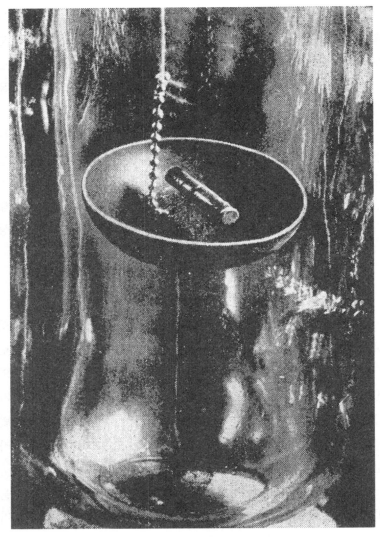

〈그림 7-6〉 초전도체 위에 뜨는 자석
뜬 모습을 확실하게 하기 위해 쇠사슬이 매여 있다

시작하는 온도를 조사하니 그 전이(轉移)온도가 원래의 원소와 근소하게나마 다르다는 것이 발견되었다. 그 차이를 보면 초전도현상은 아무래도 격자진동과 밀접한 관계가 있을 것이 예상되었다. 실험은 1950년이었고 같은 해에 프레리히가 이론적 본질에 생각이 미쳤다. 이것이 첫째 힌트이다.

한편 영국의 피퍼드는 전시 중에 레이더를 발달시킨 마이크로파를 사용하여 초전도체에 도전하였다. 그 결과 이유는 모르지만, 초전도체의 전자는 어떤 특정 거리 사이에서 특별히 서로 협력하여 움직이는 것같이 보이는 것을 확인하였다. 이 거리를 코히런트한 길이라고 한다. 즉 초전도가 실현될 때 전자는 결코 뿔뿔이 흩어져 있을 수 없다는 것, 이것이 둘째 힌트였다. 1953년의 일이다.

이윽고 1955년, 오스트레일리아의 샤프로스가 재미있는 것을 생각하였다. 그에 따르면 전자 1개로서는 페르미 입자이지만, 2개라면 보스 입자가 되기 때문에 전자를 2개씩 조(組)로 한다. 그러면 액체헬륨 Ⅱ처럼 보스 입자가 최저 에너지준위에 떨어진다는 보스 축퇴(縮退)가 일어나서 이것이 초전도의 본질이 될 수 있다는 것이다. 이것이 셋째 힌트로서 지극히 중요한 것이었다. 학회는 갑자기 활기를 띠기 시작하였다.

넷째 힌트는 견실한 실험을 쌓아서 얻어졌다. 그것은 초전도 상태에 있어서는 전자가 취할 수 있는 에너지에 갭(Gap)이 있다는 것이다. 본래 전도전자는 어떤 밴드 구조를 가지고 이 밴드 속에서 적당한 페르미 준위를 가지고 있으므로 그대로는 밴드 속에서의 전자에너지는 연속적이다. 그러나 정밀한 비열의 연구와 마이크로파 또는 적외선의 흡수 실험으로부터 아마도

176

페르미 준위 바로 위에는 전자가 들어가지 못할 금지대가 있는 듯하다는 것을 알게 되었다.

이들 힌트를 주의 깊게 보고 있던 그룹이 있었다. 미국의 바딘, 쿠퍼, 슈리퍼의 세 사람이다. 그들은 훌륭한 물리적 직관력에 의하여 이 뿔뿔이 흩어져 있는 것처럼 보이는 많은 힌트로부터 종잡을 수 없었던 초전도의 본질을 멋지게 들춰내었다. 이 이야기를 자세하게 하려면 매우 어려워지기 때문에 약간 애매하게 될 우려는 있지만 그 간략한 내용을 말하면 다음과 같다.

우선 초전도가 일어난다는 것은 무엇을 말하는 것일까? 이를 설명하기 위하여서는 전자 사이에 인력을 생각하면 된다. 전자는 마이너스 전하를 가지고 있으므로 그대로는 서로 반발하여 달라붙지 않는다. 그것을 어떻게 주선하여 서로가 잡아당기듯 하는 겉보기의 힘을 가지게 한다. 이것이 선결 문제이다.

그들 세 사람의 이론을 최근에는 그들 이름의 머리글자를 따서 BCS이론이라고 부른다. 이 이론에서는 서로 잡아당기는 힘의 정체로서 극히 특수한 힘을 생각하였다.

어떤 전자가 v의 속도로 달리고 있다고 한다. 이것과 정반대 방향으로 같은 속력을 가지고 스핀이 반대 방향인 전자를 생각한다. 이 한 조의 쌍전자에서만 강한 상호작용이 나타나는 것이다. 이것은 전자 간의 쿨롱 반발력마저 상쇄하고도 서로 잡아당길 정도의 센 힘이다. 말하자면 이 쌍은 샤프로스의 셋째 힌트의 연장이므로 이것을 쿠퍼쌍이라고 부른다. 그리고 이 쌍을 굳히는 힘, 이것이 프레리히 등에 의한 첫째 힌트인 전자와 격자진동의 상호작용임이 밝혀졌다. 무수하고 가까운 고체 내의 전자가 연달아 쌍을 이루고 격자진동을 매개로 하여 서로 작용하고는 사라져 간다. 이런 아이디어를 인정하고 조사하여 보니 초전도의 중요한 특징, 에너지 갭이나 마이스너 효과 또는 저항이 없는 전류의 존재 등이 멋지게 처리되어, 초전도에 대한 마이크로한 이해가 발견 후 약 반세기 만에 얻어졌던 것이다.

초전도전자가 던지는 키스

쿠퍼쌍이 초전도의 핵심이라면 같은 속도로서 반대 방향으로 달리고 있는 전자 사이에 작동하는 그 강한 인력이란 어떤 것일까? 이것을 좀 더 우리에게 알기 쉬운 예로써 생각하여 보자.

v의 속도를 가진 전자가 왔다고 한다. 한편 파울리의 원리에 의하면 결정 속에는 이 전자와 똑같은 속도로서 반대 방향으로 달리는 전자 1개가 있고, 그것이 처음 전자에 다가간다고 하자. 그러면 처음 전자가 돌아다니고 있기 때문에 생긴 격자의 비틀림에 의한 결정 내의 요동은 정반대로 달리는 전자에게만 강한 영향력을 준다는 것을 알 수 있다. 그리고 이 정반대로 달리는 전자는 격자의 비틀림을 끌어들여서 또 어디론가 사라져 버린다.

여기서 독자는 '아하!' 하고 생각할 것이다. 이것이야말로 둔갑술사 일렉트론, 환상의 프로세스이다. 격자의 진동을 주고받는 환상의 프로세스에 의하여 무엇이 일어날까? 평소에는 쿨롱 힘으로 떨어져 있고 싶어 하는 전자 간에 강한 인력이 생기는 것이다.

길을 걸어가고 있는 젊은 남자가 있다고 하자. 이것은 v의 속도로 움직이는 전자이다. 어떤 길모퉁이에서 매력적인 여성

〈그림 7-7〉 반대로 달리는 전자 사이에 격자진동으로 주고받는
환상의 프로세스

과 서로 스친다. 이것은 궁합이 맞는 -v의 속도를 가진 전자이
다. 그대로 스쳐 가기만 한다면 두 사람은 완전히 관계없는 남
남이다. 그러나 남자가 자기 입술에 손을 댔다가 슬쩍 키스를
보냈다고 하자. 이것이 사실은 둔갑술사 일렉트론이 결정을 흔
들어 격자진동의 파동을 상대방 전자에 던져 주는 것이다. 던
져 보낸 호감은 다만 공간을 날아갈 뿐, 사회적으로는 아무 일
도 일어나지 않으므로 결국은 환상의 프로세스일 뿐이다. 그녀
는 한순간 어리둥절하다가 총총걸음으로 사라져 가 버리지만
그의 호의는 마음에 남는다. 그도 또 무심코 던져 버린 키스의
몸짓에 약간은 계면쩍어하지만 그녀의 표정에 악의가 없었다는
것을 안다. 그리하여 두 사람 사이에는 강한 인력이 생기고 서
로를 무관한 독립된 입자라고는 할 수 없게 된다(그림 7-7). 이
거리의 이름은 쿠퍼 스트리트, 대충 이렇게 생각하면 된다.

GLAG 탐정의 발견

이렇게 하여 초전도의 미스터리는 백일하에 드러나게 되었는
데, 얼마 후 러시아의 긴즈부르크, 란다우, 아브리코소프, 고르
고프가 초전도이론에 멋진 마무리를 지었다. 그것은 소용돌이
양자의 발견이다.

소용돌이 양자라고 하면 묘한 이름이지만 초전도체에 자기장
을 걸면 소용돌이 전류가 생기는 데서 이런 이름이 붙여졌다.
이것은 내부에 자기장이 침입하는 것을 방지하기 위하여 자기
장을 없애도록 흐르는 원전류이다. 그런데 소용돌이 전류는 연
속적으로는 생기지 않고 띄엄띄엄하게 나타난다. 즉 원자의 에
너지준위가 띄엄띄엄하게 양자화되었듯이 소용돌이가 양자화

<그림 7-8> 나이오븀 등에 생기는 소용돌이 전류(자기장을 걸었을 때)

되는 것이다. 이 이론은 BCS이론을 보강하여 초전도이론의 완성으로 나가게 되었다.

나이오븀 같은 어떤 종류의 초전도체는 보통 제2종 초전도체라고 불린다(제1종은 수은, 주석 등). 이들을 자기장 속에 넣으면 소용돌이 양자의 존재 때문에 전류는 그림에서 나타낸 것처럼 아름다운 소용돌이 모양을 만든다. '아브리코소프 무늬'라고 불리는 것이다(그림 7-8).

사실 이 소용돌이 양자는 초유동 상태에도 존재한다. 다만 이때는 물론 전류가 아니고 헬륨 입자의 소용돌이이다.

양자가 얼굴을 내민다

초유동이나 초전도는 모두 상식 세계와는 동떨어진 오묘한 현상이라고 생각할 사람이 많을 것이다. 극저온 세계에 있는 것도 역시 상상을 초월하는 현상이다.

이 두 현상을 비교하여 보면 전혀 다른 것같이 보이지만 사실은 큰 공통점이 있다. 즉 어느 것이나 다 '매크로한 규모로까지 성장한 양자의 세계'라는 점이다. 그리고 어느 것이나 다 보스 입자의 최저 상태이다.

전자 하나하나는 페르미 입자이지만 쿠퍼쌍을 만들면 보스 입자가 된다. 이들 최저 상태에 있는 보스 입자의 무수한 집단이 갖는 공통의 얼굴, 그것은 액체헬륨이라면 보온병에 들어 있는 것 모두가, 초전도체라면 그 금속 덩이 모두가 흡사 분자처럼 질서 정연한 행동을 한다는 것이다. 크기가 센티미터, 아니 미터라고 해도 될 물체 전부가 단 하나의 분자로 된다고 생각하면 된다.

보통 분자는 그 분자 속에서만 양자역학적 엄밀성이 지배하는 세계가 있는 것이지만 분자가 모인 것, 예를 들면 기체 전체로서는 그다지 일사불란하게 움직이는 것은 아니다. 기체 분자는 제멋대로 열운동 등을 하며 무질서하게 움직이고 있다.

초유동, 초전도의 세계에는 그런 무질서가 없다. 가공할 만큼 질서 정연한 세계, 그리고 그 때문에 양자화가 전체에 이르고 매크로한 규모로까지 뻗어 올라온 양자의 세계, 이것이 온도를 제로에 접근시킨 정적의 종말에 펼쳐지는 세계이다.

8. 자성의 수수께끼

바이킹의 수호신

바이킹은 스칸디나비아 반도를 근거리로 하여 북해 주변을 휩쓸었던 해적이다. 그러나 북대서양으로부터 북해에 걸쳐서는, 특히 겨울에는 안개가 많다. 불침선(不沈船)이라고 자랑하며, 보트도 충분히 비치하지 않았던 타이타닉호의 조난도 안개와 얼음이 일으킨 비극이었다. 이 안개가 짙은 북해에서 옛날 해적들은 어떤 방법으로 배를 조종하였을까? 대답은 사실 그들도 이미 자석을 이용하고 있었다는 것이다.

북유럽, 특히 노르웨이 연안에는 사철(沙鐵)이 많다. 그래서 예를 들면 낙뢰에 의한 큰 전류 등으로 자연히 자기화(磁氣化)된 마그네타이트(산화철의 일종) 등도 어딘가에 굴러다니고 있었을 것이며 그들은 그것을 손에 넣었음이 틀림없다. 물론 이것이 어째서 남북을 가리키는지는 알 턱이 없었겠지만 이용 방법만은 알고 있었던 것이다.

이웃 중국에서도 지남차(指南車)라는 것이 등장하고 있었다. 안개 속에서도 정확히 방향을 잡아 가까이 접근하여, 갑자기 적진에 쳐들어갈 수 있는 경이적인 병기였던 모양인데 정체는 역시 자석이었다는 설이 있다. 어쨌든 수천 년 전의 일이므로 확실한 것은 알 수가 없다.

대체로 옛날 사람은 전기현상에는 두려움을 품고 있었던 것 같지만, 자기적 현상에 대해서는 달랐었던 모양이다. 두려움을 느끼기보다는 오히려 신비적인 것으로서 받아들였던 듯하다. 얼핏 보기에는 평범한 돌이 칼이나 쇠붙이에 달라붙기도 하고 늘 남북을 가리킨다는 놀라운 발견을 한 수염이 텁수룩한 고대인의 얼굴은 상상만 하여도 즐거운 일이 아닌가.

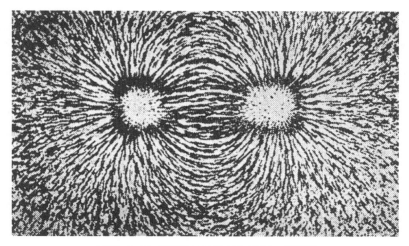

〈그림 8-1〉 막대자석으로부터 나오는 자력선

자석의 종류

마그네타이트 등의 자성이 옛날부터 알려져 있었던 까닭은 이것들의 자기가 특히 세었기 때문일 것이다. 쇠못은 자석에 붙지만 동전은 붙지 않는다는 경험은 어린 시절에 누구나 겪었을 것이다. 모든 물질을 이미 자기적 성질로써 분류하게 된 것은 이미 패러데이인데 강자성(强磁性), 상자성(常磁性), 반자성(反磁性)으로 분류하여 놓고 있었다.

우선 한 예로서 비스무트의 막대기를 자기장에 넣어 보자. 비스무트는 그다지 흔하게는 우리 눈에 뜨이지 않지만, 창연(蒼鉛)이라고도 한다. 자기장에 넣어진 비스무트는 자기화되어 외부에 자극을 발생시키지만, 철 등의 경우와는 달리 자기장의 북극에는 북극이, 남극에는 남극이 향한다. 이것이 철의 경우라면 자기장의 북극에는 남극이, 남극에는 북극이 향한다. 좀 복

상자성(약하다)
강자성(세다)

반자성(약하다)

〈그림 8-2〉 자성의 분류

잡하여졌는데 〈그림 8-2〉를 보아 주기 바란다.

또 자기장을 눈으로 보고 싶다면 쇳가루를 뿌린 종이 밑에 자석을 놓아 보면 된다. 여러 가지 곡선이 얻어지는데 이것은 자기장을 좇아 달리고 있는 자력선이라고 불린다. 즉 쇳가루는 자기장을 눈에 보이게 한 것이라고 생각하면 된다.

그런데 비스무트에 생긴 자극은 주위의 자기장에 반발하도록 만들어졌다고 하여 이것을 반자성이라고 부른다. 이것에 반하여 가해진 자기장에 순종하여 북극에는 남극, 남극에는 북극이 향하도록 자기화되는 것을 상자성이라고 한다. 그렇다면 아까 나온 철은 상자성이 아니냐고 말하겠지만, 상자성 중에서도 특히 큰 자기를 나타내는 것을 강자성이라고 한다. 즉 철은 상자성이기도 하고 강자성이기도 하다. 이 무리에는 철 외에도 코발트, 니켈 등이 있다(그림 8-2).

위와 같은 분류는 일상 경험 세계에서의 자기적 분류로서 가장 간단한 것이므로 고전 전자기학에서도 이런 세 가지 분류 방법을 토대로 하고 있다. 다만 이들 물질이 왜 자기장에 들어가면 자기화되느냐, 또 어째서 자기화에는 세 가지의 다른 방법이 있느냐고 물으면 고전 전자기학은 입을 다물고 대답하지 못한다.

웨이스의 분자자석

20세기가 시작된 지 얼마 안 되어 취리히공과대학 교수이던 피에르 웨이스는 상자성의 일반적인 성질로서 저온이 되면 강자성을 나타내는 예가 있다는 것에 주목하였다. 이것은 마리 퀴리의 남편인 피에르 퀴리 등이 손을 댄 연구이다. 철 같은 것이 강자성이라고 하여도 온도를 올리면 어느 온도 이상에서는 상자성이 된다. 이 이상한 사실의 원인에 관해서 웨이스는 다음과 같이 생각하여 보았다.

전기를 계속 나눠 가면 최종적으로는 전자라든지 양성자라는 전하의 단위에 이른다. 그러나 자기의 전기와 달리 자석을 아무리 잘게 잘라도 북극(N극)만이나, 남극(S극)만으로는 할 수 없다. N과 S가 짝이 되어 자기의 단위가 되어 있다.

그래서 웨이스로서는 구체적인 자기의 단위는 당장 알 수 없지만 '자기의 근원'이라고도 할 수 있는 막대자석과 같은 단위 (N과 S를 갖춘)가 이미 물질 속에 존재하는 것이라고 생각하였다. 이것에 분자자석(分子磁石)이라고 이름을 붙였다. 보통 말하는 분자와는 다르지만 무언가 안정되고 정리된 자기단위(磁氣單位)라는 의미이다.

〈그림 8-3〉 상자성은 분자자석이 흩어져 있는 상태

그런데 강자성의 기인에 관하여 웨이스가 제창한 탁월한 견해는 다음과 같다. 온도가 높을 때에는 맹렬한 열운동이 있으므로 분자자석은 각기 제멋대로의 방향을 취한다. 따라서 전체로서의 자성은 강하게 바깥으로는 나타나지 않는다. 이것이 상자성의 상태이다. 그러나 어느 온도 이하가 되면 쇠퇴한 열운동을 이겨 낸 '어떤 힘' 때문에 분자자석이 질서 정연하게 배열한다. 그 결과 바깥으로 강한 자성이 나타난다. 이것이 강자성을 향한 전이를 가리키는 온도로서 퀴리점 또는 퀴리 온도라고 불리는 것이다.

그러나 분자자석을 정렬시키는 '어떤 힘'이란 도대체 무엇일까? 웨이스는 처음에는 자석과 자석이 서로 끌어당기거나 밀어내는 힘이 이 '어떤 힘'일 것이 틀림없다고 생각하였다. 이것은 우리가 일상 경험하는 바와 같은 자력인데 웨이스는 그것을 분자자석 간에도 적용시켜 계산을 시작하였다. 그렇지만 그 결과로서는 도저히 실제의 힘에는 미치지 못했다.

그러나 웨이스는 자성체의 연구에서는 여러 개의 이정표를 세운 천재적인 개척자였다. 이 정도로 굴하지 않았다. 그는 다음으로 예의 '어떤 힘'을 분자자석 간에 작용하는 가상적 자기장에 의한 것이라고 해 보았다. 그러자 결과가 매우 만족할 만한 것이 되었다. 다만 어째서 이런 자기장이 생기느냐는 그 '원인'만을 제외하고는…….

그래서 그는 분자자석이 배열하는 원인이 될 이 가상적 자기장, 즉 실제적인 유효자기장으로서 분자자기장(또는 간단히 분자장이라고도 한다)이라는 것을 생각해 내었다. 생각하여 보면 어딘가 좀 억지 같은 자기장을 가져온 것이라고 생각될지 모르나, 웨이스의 생각은 뒷날에 와서 보면 놀라울 만큼 과녁을 정확히 맞춘 것이었다.

쇠못은 왜 자석에 붙는가

우리는 얼른 분자자석과 분자자기장의 비밀을 밝혀내고 싶지만 우선 분자자기장이라는 생각을 사용하여 이해할 수 있는 문제를 하나 들어 두자. 그것은 아이들이 잘하는 질문 "쇠못은 왜 자석에 붙는가?"이다.

웨이스의 생각에 따라 쇠못 속에는 무수한 분자자석이 있고, 그것들 상호 간에는 강한 분자자기장이 있다고 하자. 이 분자자기장은 분자자석끼리 서로 평행하게 만들려고 한다. 그래서 자석 하나가 어떤 방향을 향하고 있으면 주위의 자석도 연달아

190

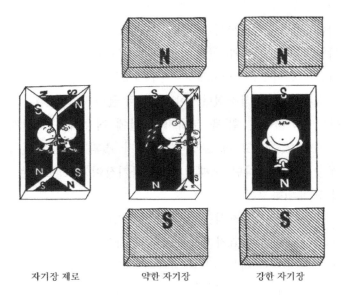

자기장 제로   약한 자기장   강한 자기장

〈그림 8-4〉 철이 자기화될 때

같은 방향을 향한다. 이것이 강자성이다.

그러나 쇠못 1개의 속의 분자자석이 모조리 한 방향으로 향하는 것은 아니다. 실은 '자구(磁區)'라는 것이 있어서, 한 자구 안에서는 확실히 분자자석이 한 방향으로만 향한다. 그러나 쇠못 전체는 몇 개의 자구로 나누어져 있어 방향이 다른 자구들이 서로 자력선을 흡수하여 바깥으로는 내보내지 않는 상태를 취하고 있다.

그러면 어째서 자구가 생기느냐는 문제는 좀 복잡해지지만, 우선 바깥으로 자력선을 내보내면 에너지를 손해 보기 때문이라고만 말하여 둔다. 에너지를 손해 보지 않게 철 등은 자구를 만들어 안정된 상태로 있기 때문이다.*

여하튼 이런 까닭으로 쇠못은 외부에 자력선을 내놓지 않는다. 따라서 바깥에서 보면 N극이나 S극이 나타나지 않고, 쇠못끼리 서로 끌어당기는 일이 없다.

그러나 이것에 자기장을 걸면 자구는 서서히 변화한다. 즉 자기장을 따라가는 자기를 가졌던 자구가 점점 크게 성장하는 것이다. 그리고 더 큰 자기장이 걸리면 자구는 결국 하나가 되어 쇠못 전체가 1개의 막대자석이 된다. 쇠못끼리는 서로 달라붙지 않는데도 1개의 쇠못을 자석 가까이에 가져가서 하나의 자구로 개조하면, 즉 자기화시켜 주면 그 쇠못으로부터 다시 자력선이 나와 그것이 다른 쇠못을 자기화하여……라는 식으로 계속되므로 이번에는 쇠못끼리 서로 끌어당기어 붙게 된다.

그렇다면 영구자석은 어떤 구조일까? 바깥으로부터 자기장을 걸지 않아도 자력선을 바깥으로 내어놓고 있지 않은가 하는 의문이 들 것이다. 그러나 이것에 관해서는 나중에 다시 말하겠다. 당장은 문제의 분자자석과 분자자기장의 마이크로한 원인을 찾기로 하자.

우주에서 가장 작은 자석

웨이스가 가상했던 분자자석 및 분자자기장의 원인은 고전적으로는 아무리 하여도 이해가 되지 않는다. 그 원인이 불명한 채로, 다시 30년 가까운 긴 세월이 흘렀다. 그리고 그 본질이

---

* 자구 속에서 자기화의 방향을 결정하는 요소에 자기이방성(磁氣異方性)이라는 것이 있다. 이것은 결정 속에서 분자자석이 향하기 쉬운 방향과 어려운 방향이 있어서, 분자자석이 그 향하는 방향을 적당히 선택하는 것이다. 일본 자성 연구의 개척자 혼다 박사의 수제자인 카야 박사는 철 단결정(鐵單結晶)에 있어서의 자기이방성을 세계 최초로 발견하였다.

밝혀진 것도 또한 양자역학의 탄생과 더불어서 시작되었다.

먼저 양자역학은 분자자석을 찾아내었다. 1장 「기묘한 전자」의 이야기에서 본 전자스핀에 수반된 자기이다. 그리고 하이젠베르크가 그 날카로운 통찰을 통하여 분자자기장의 본질을 간파하였다. 전자스핀 사이에 작용하는 교환상호작용(交換相互作用)이라는 것이 바로 분자자기장의 원인이라는 것을……

우리는 이미 전자 자체가 자석인 것을 알고 있다. 웨이스가 더듬거리며 찾고 있던 분자자석은 이 스핀에 수반된 자기였다. 이것이 결정 속에서 제멋대로의 방향으로 향하고 있는 것이 상자성이다. 그리고 전부가 한 방향으로 정렬하면 강자성이 된다. 지극히 분명한 이야기가 아닌가?

강자성에 비교하여 상자성의 자기화가 매우 작은 것은 스핀을 가진 전자 간의 분자자기장이 약하고 열운동에 의하여 스핀이 제멋대로 흩어져 있어서, 자기장을 걸어도 그 방향에 가지런하여지는 스핀의 수가 극히 적기 때문이다.

그렇다면 온도를 내려서 열운동을 억제시키면 걸어 준 자기장 방향으로 정렬할 상자성이 증가할까? 바로 그렇다. 이것이 바로 웨이스 이전에 피에르 퀴리가 발견한 퀴리 법칙이다.

이렇게 말하면 독자는 우선 전자스핀의 등장으로 분자자석의 정체를 매우 잘 이해하게 되었으리라고 생각된다. 상자성, 강자성의 '자기소(磁氣素)의 수수께끼'는 이렇게 하여 풀렸다.

그런데 원자의 이야기(2장 「원자의 소묘」)에서 전자는 또 원자핵의 주위를 돌며 궤도 각운동량을 가지고 이것에 수반되는 자기능률이 있다는 이야기를 하였다. 이것을 상기하여 '왜 이 자기는 나타나지 않는가?' 하고 의아하게 생각할지 모른다. 확실히 이것이 중요할 경우도 있다. 그러나 일반적으로 결정 속에서 전자의 궤도운동에 의한 자기는 주위의 이온 등의 존재로 없어지는 경우가 많다. 여기서 이야기가 복잡하여지지 않도록 하기 위하여 다음부터는 반자성 이외의 물질의 자기는 스핀으로부터만이라고 생각하기로 하자.

이 '소자석(小磁石)', 즉 전자스핀자석은 마이크로 세계의 막대자석이다. 또 원자핵의 연구로부터 사실은 원자핵도 스핀을 가지며, 따라서 자기능률을 가지고 있다는 것을 알게 되었다.

전자스핀과 핵스핀, 이것들이 갖는 자기가 여하튼 우주에서 최소의, 그러나 가장 기초적인 자석이다. '이것들은 이미 완성된 자석'으로서 물질 속에 존재하며 자기장이 걸리면 자기장을 따라서 나란히 정렬한다. 다음에 그 이야기가 나올 반자성의 원인을 이해하기 위하여서도 위의 따옴표 부분에 주의하기 바란다.

모든 물질이 '청개구리'

상자성, 강자성은 전자스핀의 존재로서 이해가 된다. 전자는 그 자체가 이미 '소자석'이라고 말하였지만 사실은 이 소자석이 원래부터 전자에 없다고 하더라도 전자는 자기를 만들 수 있다.

사이클로트론을 알고 있을 것이다. 원자핵의 연구에는 없어서는 안 되는 장치이다. 이 원리는 양성자 등의 하전입자를 달리게 하여 자기장을 가한다. 그러면 그것은 자기장에 수직인 면에서 원운동을 한다. 이와 같이 회전하고 있는 상태의 전하를 이용하여 입자를 전기적으로 가속하는 것이다.

고체 속에서 많든 적든 움직이고 있는 전자에 자기장을 가하

〈그림 8-5〉 자기장을 걸면 움직이는 전자는 반자성을 만든다

면 전자는 그것에 수직인 면 안에서 원운동을 하려고 한다. 전자를 원운동으로 이끄는 힘을 로런츠 힘이라고 하는데, 실제의 전자는 그리 간단하게 항상 깨끗한 원운동을 그리는 것은 아니다. 결정격자에 충돌하기도 하고 또는 코어전자라면 강한 속박 하에 있기도 하다. 그러나 그 행동으로 보아서는 회전하려는 '기미'를 나타낸다. 이 '기미'는 물론 사이클로트론처럼 완전한 원을 그리면서 돌 때와 같은 방향으로 나타난다.

　이때 전자가 회전함으로써 생기는 자기장은 "가하여진 자기장을 없애려는 방향을 향한다"는 것이다. 이것을 고전 전자기학에서는 렌츠의 법칙이라고 한다. 이것은 결국 자기장을 없애 버리려는 것이므로 가하여진 자기장의 N극 방향에는 N극이, S극 방향에는 S극이 향하게 된다. 그러므로 움직이는 전자는 자기장 속에서 반자성을 나타내려 한다. 따라서 그것을 포함하는 물질은 반자성체가 된다. 대개의 금속은 반자성을 나타내고 또 비금속 결정인 대부분의 화합물이 반자성 물질이다.

그런데 움직이는 전자는 반자성을 나타낸다는 반자성의 본질이 명백하게 된다면 다음과 같은 의문이 솟아오를 것이다. "뭐라고, 그렇다면 물질은 모두 반자성체가 아닌가? 왜냐하면 어떠한 물질도 전자를 가졌으며 그 전자가 모두 어느 정도 움직일 수 있는 영역이 있으니까……."

틀림없이 그렇다. 모든 물질은 반자성으로서의 성질을 예외 없이 가지고 있다. 그렇다면 지금까지 깊이 살펴본 상자성, 더욱이 강자성은 도대체 어떤 경우에 나타나는 것일까? 이것은 그 반자성에 어떤 것이 부가되어 일어난다. 따라서 강자성, 상자성이라고 하여도 반자성을 조금은 가지고 있다. 그 강자성을 첨가시키는 '어떤 것'이란 무엇일까? 이것에 관하여 다음으로 말하겠다.

독신인 전자

반자성+'어떤 것'이라고 뜸을 들였지만 현명한 독자는 벌써 알아챘을지 모른다. 확실히 움직이는 전자는 반자성을 나타내려 하지만, 이미 말한 바와 같이 전자 자신은 스핀에 의하여 하나의 자석이 되어 있다. 그리고 새로 만들어진 움직이는 전자의 '자기능률'이 반자성을 나타내어야 할 운명으로 탄생한 것임에 비하여, 원래부터 존재하는 '스핀자기능률'은 있는 그대로 상자성을 나타낸다. 그리고 물질 전체로서 보면 어느 쪽이 강력한가에 따라 상자성과 반자성으로 구별되는 것이다.

전자스핀이 우회전과 좌회전, 두 가지의 상태를 가지고 있다는 것을 2장에서 보았다. 만일 전자가 2개 있어서 이것이 우회전과 좌회전의 雙을 만든다면 이 雙을 이룬 자기능률은 각각 상쇄된다. 그러면 물질 전체로서 남는 것은 변덕스런 심술쟁이 청개구리로 태어난 반자성이다. 이와 같은 때 마이크로한 반자성이 나타나게 되는 것이다.

여기까지 오면 상자성의 원인, 즉 분자자석이란 부대전자(不對電子), 즉 독신인 전자, 또는 짝이 없는 전자라는 존재인 것을 곧 알게 될 것이다. 실제로 상자성체 또는 강자성체에는 원자 1개당 1개 또는 몇 개의 전자가 그 스핀이, 그에 따라서 자기능률이 상쇄되지 않은 채 존재하고 있다.

많은 경우 물질 내에서는 전자는 서로 스핀을 상쇄하고 있다. 그러면 부대전자를 가진 경우란 어떤 때일까? 우선 대표적인 것으로서 철속천이원소(鐵屬遷移元素)라고 불리는 원소인 이온이 예로서 들어진다. 주기율표에서 말하면 타이타늄, 바나듐, 크로뮴, 철, 망가니즈, 코발트, 니켈 및 구리에 이르는 일련의 원소로서, 전자궤도의 입장에서 보면 3d궤도에 전자가 채워져 가는 시리즈이다.

이 d궤도(또 f궤도도 그렇지만)는 재미있는 성질을 가지고 있어서 전자를 채워 가도 스핀을 쌍으로 되어서는 수용하지 않는다. 여기서 이들 원소가 결정 속에 있을 때 물질은 반자성에 첨가하여 부대전자를 가진 원소(주로 이온이 되어 있지만)에 의한 상자성을 나타내게 된다.

이와 같은 부대전자를 가진 이온이 왜 안정하는가, 어째서 쌍을 이루지 않는가 하는 문제는 좀 어렵지만 극히 간단히 말하면, 많은 전자를 품고 있는 원자 속에서의 전자 간 상호작용에 의한 현상인 다전자효과(多電子效果)라고 할 수 있다. 이런 까닭으로 철족, 그리고 4f궤도에서 부대전자를 이루는 희토류 원소는 말하자면 원소 속에서의 자기적 원소(磁氣的元素)이다.

하이젠베르크의 탁견

하이젠베르크라고 하면 지난 1967년 두 번째로 일본에 온 것을 기억하는 사람도 많을 것이다. 최초로 일본에 온 것은 1929년인데 바로 그 2년 전에 유명한 불확정성원리(不確定性原理)와 우리가 앞으로 고찰할 강자성의 이론이 발표되었다. 그는 환갑이 지난 뒤까지도 노익장으로 독일의 막스 플랑크 연구소장의 자리를 맡았다. 젊은 시절의 사진을 보면 아주 독일인다운 씩씩하고 날카로운 용모이지만 피아노의 명수이기도 하여 그 선율에 귀를 기울인 사람도 몇몇 있을 것이다.

그런데 피아노의 음률도 그렇거니와 분자자기장을 정렬시키는 이상한 힘에 관하여 하이젠베르크는 어떤 하모니를 이루었을까? 이것이 지금부터의 과제이다.

독자는 원자 구조의 이야기에서 나온 파울리의 원리를 기억하고 있으리라 생각한다. 그것은 스핀 방향의 조건을 포함하여 한 에너지준위에는 1개의 전자(페르미 입자)밖에 들어갈 수 없다는 것이었다. 이때 예를 들어 헬륨 원자에서는 2개의 전자가 스핀을 서로 반대 방향으로 하여 1s의 에너지준위에 안정된다는 이야기였다. 이것을 좀 다른 관점에서 보겠다.

1개의 스핀에 대하여 생각하자. 이것과 또 하나의 스핀은 마치 매우 큰 반대 방향의 자기장을 서로 가하고 있는 것처럼 볼 수 있다. 사실은 파울리의 원리가 전자끼리를 반대 방향으로 규제하고 있지만 보기에 따라서는 예의 유효자기장이 작용하고 있기 때문이라고도 보인다. 왜냐하면 이 2개의 스핀, 즉 서로 반대 방향의 자기능률만에 주목하면 그것은 자기장의 개념으로써 끝장이 나기 때문이다. 사실은 유효자기장이란 이런 경우와 같을 때에 적용된다. 하나하나 파울리의 원리를 적용시키지 않아도 자기능률은 서로 반대 방향으로 정렬하고자 하므로 서로 마이너스의 분자자기장을 걸어 주고 있다고 보아도 된다.

지금 이야기는 하나의 원자 내의 일이었지만 고체 속에서 스핀이 정렬하여 있을 때 역시 스핀 사이에는 실제의 자기장은 아니지만 서로 평행 또는 반평형(즉 서로 반대 방향)으로 향하게 하려는 힘이 작용한다. 이것을 교환력(交換力)이라고 부르고 이 상호작용을 교환상호작용이라고 한다. 이상한 이름이라고 생각할 것이다. 도대체 무엇을 교환한다는 것일까? 그 답은 '전자의 교환'이다.

전자를 교환한다니, 어떻게 한다는 것일까? 또 왜 그것으로 스핀 사이에는 겉보기의 유효자기장(즉 분자자기장)이 작용할까? 이를 대충 설명하면, 그것은 2개 전자의 물질파가 중합되어 일으키는 간섭현상의 하나이다. 간섭 결과 서로의 스핀 부분에까지 영향을 미쳐서 스핀 사이에 겉보기의 자기장이 생긴다. 이것이야말로 하이젠베르크가 생각한 강자성의 기원이었다. 즉 이 '수수께끼의 분자자기장'은 하이젠베르크의 교환력에 의한 유효자기장이라는 것이다.

그런데 이와 같이 스핀 사이에 작용하는 힘이 스핀을 서로 평행하게 하도록 작용할 때 분자자기장은 플러스(양)라고 하면 강자성을 발생한다. 그러면 마이너스(음)일 때는 어떨까? 이때는 서로 반대 방향의 스핀 배열이 이어지게 된다. 이것이 강자성과 반대라는 의미에서 반강자성(反强磁性)이라고 부른다.

대표적인 예를 한둘 들어 보면, 산화망가니즈(MnO), 플루오
린화망가니즈(MnF_2)와 같은 산화물과 할로겐화물 등이 그것이
다. 이것들은 실온에서는 상자성이지만 $100°K$ 이하쯤에서 스
핀이 서로 반대 방향이 된다. 반자성, 상자성, 강자성에 이은
새로운 자성체이다. 주의할 것은 이런 상태에서는 서로 반대
방향의 스핀이 단단히 결합되어 있다는 것이다. 따라서 자기장
을 가하여도 그다지 자기화하지 않지만, 반드시 상자성적(즉 플
러스)으로 자기화한다. 왜냐하면 이것은 미리 만들어져 있는 자
기, 즉 스핀자기로부터 생기기 때문이다. 이런 까닭으로 예전에
는 반강자성체도 상자성과 구별되지 않았으며 비교적 최근에
발견된 것이다.

영원히 지워지지 않는 기억

앞에서 말한 바와 같이 보통의 철은 자기장 속에 넣으면 내
부의 자구구조(磁區構造)를 없애 버린다. 그리고 전체가 한 방향
으로 자기화되어 외부에 자기를 나타낸다. 그러나 자기장을 제
거하면 다시 원래와 같은 자구를 만들고 외부에 자력선을 내어
놓지 않게 된다.

그런데 자성체 중에는 한번 가한 자기장을 없애도 원래대로
되돌아가지 않는 것이 있다. 즉 영영 자기화된 것이다. 이것은
불순물 원자 등 자기화를 원래대로 되돌아가지 못하게 방해하
는 요소가 결정 속에 있어서, 다시 자구를 만들어 안정상태로
돌아가는 것을 방해하기 때문이다. 따라서 외부에 나왔던 자력
선은 바깥에 그대로 남게 된다. 이것이 영구자석인데 장난감의

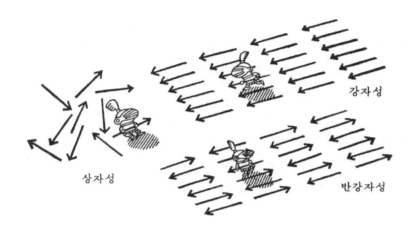

<그림 8-6> 여러 가지 자성체(화살표는 스핀의 방향)

말굽자석이나 막대자석 또는 스피커의 진동판 옆에 붙어 있는 자석 등으로 독자에게도 매우 친숙할 것이다. 영구자석은 작은 것에는 남북의 방향을 가리키는 자석으로부터, 큰 것에는 몇 톤이나 되는 큰 것까지도 있어 우리들은 여러모로 그것들의 신세를 지고 있다. 또 처음에 말한 바와 같이 영구자석은 자기현상의 심벌로서 옛날부터 인류에게 알려져 있다.

자기장을 걸면 어떤 종류의 물질은 영구자석이 된다는 것은 물리학적으로는 별로 대수롭지 않은 것이지만, 이 사실을 응용하면 의외의 세계가 펼쳐진다. 예로서 두 가지를 들어 보자.

그 하나는 일렉트로닉스의 주역이라고 할 전자계산기이다. 자성체를 자기화하여 영구자석으로 만들면 자기는 언제까지나 남아 있게 된다. 이 성질이 이른바 기억현상이다. 이것을 인공두뇌의 기억 소자로 한다. 재료를 신중하게 만들어서 첫 전류

로 자기화시키고, 다음번 전류로 필요 없는 자기를 지울 수도
있다. 즉 깨끗이 잊어버리게 할 수가 있다. 이렇게 하여 극히
많은 자성 소자를 준비하여 하나하나 별도로 기억시킬 수가 있
으므로 현재 계산기의 중요한 기억 방식이 되어 있다.

또 영구자석은 지자기(地磁氣)의 역사를 알아내는 데 사용된
다. 천연 물질 중 영구자석이 되는 암석이 있다. 이것들의 퀴리
온도는 수백 도 정도이므로, 예를 들어 5000년 전의 이집트 사
람들이 토기를 구웠을 때 토기와 가마 등은 상자성이 되어 있
지만 온도가 내려가면 강자성이 된다. 그리고 동시에 그때의 지
구 자기장이 가하여져서 이것들을 영구자석으로 자기화시킨다.

같은 방법으로 수억 년 전의 화산이 만든 암석은 수억 년 전
의 지구 자기장으로 자기화되어 있다. 그리고 자기화는 그대로
기억되어 있으므로 그 자기화의 방향과 세기로부터 우리는 아
주 옛날의 지구 자기장이 어떤 변화를 이루어왔는가를 알 수
있게 된다.

자기 세계의 팽이

우리는 상자성, 강자성 등의 근원이 되는 것이 무엇인지를
알았다. 그것은 스핀과 그 스핀에 수반되는 자기능률이었다. 지
금까지의 이야기는 모두 자기능률만으로써 충분히 이해되었다.
요컨대 스핀은 이면에서 활약했지, 표면에는 나타나지 않았다.

그런데 이것이 무대 뒤로부터 무대 위로 나타날 날이 드디어
왔다. 때는 1946년, 제2차 세계대전이 끝난 이듬해였다. 러시
아의 자보이스키가 전자스핀에 관하여, 그리고 하버드대학의
퍼셀 등과, 스탠퍼드대학의 블로흐(전기전도 부분에서 나왔던 인

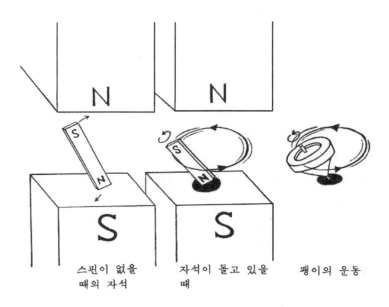

〈그림 8-7〉 자기장 중에서의 스핀은 팽이와 같이 움직인다

물) 등이 핵스핀에 관한 중요한 현상을 잇달아 발견한 것이다.

마이크로한 자석이 스핀을 가지고 있다고 하고, 이것을 자기장 속에 넣으면 〈그림 8-7〉과 같이 자기능률(즉 마이크로 자석)의 운동이 완전히 달라진다. 자기능률은 자기장의 방향으로는 움직이려 하지 않고, 자기장과 자기능률 양쪽에 직각인 방향으로 움직이려 한다. 그 결과 자기능률은 그림처럼 자기장 방향을 축으로 하는 원뿔면을 그리면서 돌게 된다.

이것은 마치 팽이의 운동과 같다. 팽이가 돌고 있는 것은 팽이 축 주위에 각운동량이 있을 때이며, 이때 중력이 작용하여도 팽이는 곧바로 쓰러지지 않는다. 오히려 쓰러지지 않고 중력 방향을 축으로 한 원뿔면을 계속하여 회전한다. 이 회전운동을 라모어의 세차운동(歲差運動)이라고 부른다. 각운동량이 있고 없음에 따라 그 운동은 크게 다르다.

그런데 마이크로한 스핀이 이런 운동을 하고 있을 때, z축 주위를 도는 주기에 맞추어 바깥으로부터 약한 고주파 자기장을 가하면 어떻게 될까? 이것은 마치 절에 걸린 범종을 한 손가락으로 움직였다는 옛날 사람의 이야기와 같다. 무거운 종을 무턱대고 밀어서는 꿈쩍도 하지 않지만 종이 흔들리는 주기에 맞추어 손가락으로 몇 번이라도 계속 반복하여 밀어 주면 이 큰 종도 점점 크게 흔들리게 된다. 이것이 고전적인 공명현상으로서 그 고유 진동수에 맞추어 흔드는 것이 중요한 점이다. 이와 마찬가지로 약한 자기장이라도 몇 번이나 반복하여 스핀을 밀어 주면(물론 고주파의 자기장이 미는 것이다) 이 원추운동(앞으로는 자기능률 앞 끝의 궤적이란 의미로 간단하게 원운동이라고 한다)은 점점 커진다. 고전적 진자의 경우와 마찬가지로 일반적으로 진폭의 증가현상을 공명현상이라고 부르는데, 그것에 맞추어서 스핀공명 또는 자기공명(磁氣共鳴)이라고 부른다. 원자핵스핀에서 이런 현상이 일어날 때 이것을 핵자기공명, 전자스핀의 경우 전자스핀공명이라고 부르기도 하고, 상태에 따라서 상자성공명, 강자성공명, 반강자성공명 등으로 분류하여 부른다.

난봉기가 드러난 전자

자기공명현상이 발견된 얼마 후에, 이것을 사용하여 물질 속의 부대전자(不對電子)는 여러 가지로 원자핵스핀과 상호작용을 하고 있음이 알려졌다. 재미있게도 이 상호작용은 주로 전자의 존재 확률이 원자핵 위에 있는 몫에만 관계한다. 말하자면 전자가 원자핵을 건드리는 양에 비례한다는 사실로부터 접촉상호작용(接觸相互作用)이라고 불린다. 이 접촉상호작용 덕분에 부대전자가 물질 속에서 어느 범위에 있는가가 스핀공명을 통하여 확실하게 되었다. 왜냐하면 이 부대전자가 접촉하고 있는 원자핵은 어느 범위에까지 퍼져 있는가를 스핀공명을 보면 알 수 있기 때문이다. 이렇게 하여 여러 가지 의외의 사실이 알려졌는데, 그 간단한 예로서 부대전자를 포함하는 화합물 하나를 생각하여 보자.

질소는 보통 3가(價)나 5가이다. 그런데 〈그림 8-8〉과 같은 경우 오른쪽의 질소 원자는 본드(결합)의 수가 2개이므로 또 하나의 본드가 생기면 바로 해결된다. 그 때문에 거기서는 전자가 1개 남게 된다. 즉 부대전자가 존재한다는 것이다. 이것을 '•'로 나타낸 것이 예전부터 화학자가 사용하는 기호이며, 그 자리에 전자가 존재한다는 것을 표시한 것이다.

그런데 전자스핀공명으로 이 부대전자를 조사하니 전자의 의외의 행동이 밝혀졌다. 오른쪽의 원자가 말하자면 부대전자의 본처가 있는 집이라면, 그곳의 질소 원자핵(즉 본처)과 접촉상호작용이 있는 것은 당연하다. 그런데 실험 결과는 전혀 달랐다. 이 결과를 해석하면 이 부대전자가 본처에게 가 있는 것은 절반뿐이고, 나머지 절반은 옆집의 질소에 가 있다. 말하자면 본처와는 이틀에 하루만 같이 살고 나머지는 작은 집에서 지내는 아주 바람둥이 같은 전자이다(그림 8-8). 그러나 바람둥이라도 그렇게는 교활하지 못하여 곧 꼬리를 잡히고 만다.

그런데 최근 전자스핀공명의 기술이 진보함에 따라 더욱 의외의 사실이 밝혀졌다. 그것은 이 부대전자가 한층 더 난봉을

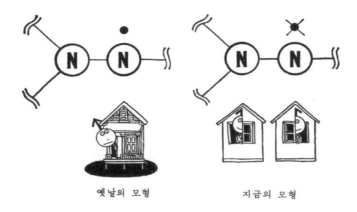

옛날의 모형   지금의 모형

〈그림 8-8〉 바람둥이인 전자

피운다는 것이다. 실험 결과의 해석에 의하면 부대전자는 질소
를 떠나 멀리 있는 많은 수소 원자에까지 자기의 애정(?)을 골
고루 주고 있음이 밝혀졌다. 이 물질에 국한하지 않고 고체 중
에서도 지금까지는 어느 특정 장소, 예를 들면 어떤 이온 안에
서만 존재한다고 생각되었던 부대전자가 여러 곳에 얼굴을 내
밀고 있다는 것을 알게 되었다. 이렇게 하여 스핀공명은 적어
도 부대전자에 관하여 결정 내에 있어서의 자세한 배치를 모조
리 들추어내어 준다. 이것으로 물성 물리학은 치밀한 진보를
이룰 수 있게 되었다.

9. 내일의 물성

물성 물리학의 내일

이 책에서 우리는 오랜 옛날부터 또는 태어난 이래 친숙하게 대해 온 물질이라는 것이 양자역학의 출현에 의하여 어떤 모습으로 현대화되었고, 또 그것에 어떤 응용의 길이 개척되어 왔는지를 살펴 왔다.

무심히 빛나는 한 조각의 금속, 한 컵의 물을 보아도 실로 정묘한 메커니즘의 지배하에 있었다. 그리고 한번 이것을 알아낸 인간은 온갖 수단을 다하여 교묘하게 자기들의 세계에 그것을 활용하고 있다.

그러나 자연과학은 쉬지 않고 전진하고 있다. 물성의 연구도 예외는 아니다. 이 마지막 장에서 우리는 지금까지 단편적으로 말한 개개의 미해결인 문제에 덧붙여, '물질의 물리학자'들이 미래에 무엇을 기대하고 새로운 문제와 대결하고 있는지를 알아보기로 하자.

연구란 아직 누구도 경험하지 않은 미지의 세계에 발을 들여놓는 것이다. 미경험의 세계라는 것은 새로운 개념 속에서도 있을 수 있고 종래의 측정 조건을 넘어서는 곳에도 있다. 새로운 개념의 발견에는 상당히 천재적인 발상이 필요하다. 따라서 그 미래는 물성 분야에 등장할 천재성에 의해 결정되는 것이므로 갑자기 예측한다는 것은 불가능하다.

새로운 개념이 등장하면, 길가에 굴러다니는 돌멩이 같은 평범한 물질로부터도 심오한 학문적 원리와 의외의 응용이 펼쳐진다. 누구나 싫어하는 쇳녹이 가장 첨단적인 자성 재료와 밀접한 관계가 있다는 사실 등은 이미 우리에게 많은 교훈을 주고 있다.

그러나 한편 막연하게 새로운 아이디어의 등장을 기다리고 있기만 해서는 물질의 본성이 해명되지 않는다. 무한하다고 할 수 있는 물질 조합의 밑바닥에 흐르는 기초적인 현상을 조금이라도 더 많이, 조금이라도 더 빨리 발견해야 한다. 거기에는 아직 우리의 지식이 미치지 못하는 미경험 세계에 있는 물질의 특성이 우리의 도전을 기다리고 있다.

거기에 '미지(未知)'가 있으므로

우리가 실리콘, 저마늄의 경험으로부터 얻은 것은 무엇일까? 그것은 수없이 조사하였던 물질이라도 보다 완전한 결정이 되면, 지금까지 숨겨져 있던 미묘한 성질이 떠오른다는 것이었다.

모든 물질에 대하여 보다 완전한 결정을 만드는 기술은 현재 한 걸음 한 걸음 계속 전진하고 있다. 반도체로 압도적인 성공을 거둔 존 멜팅 방법도 상대가 금속이면 잘 안 되는 경우가 많다. 그렇게 되면 우선 원재료의 선택부터 시작하여 여러 가지 방법을 생각해야 하는데, 성과는 이미 몇 가지가 나와 있다.

최근 금속의 전자구조를 정하는 일이 크게 진보되었고, 아울러 금속 속 불순물에서 의외의 성질이 연달아 발견되었다. 그러나 이것도 겨우 금속 속의 10^{-6}, 즉 100만분의 1의 불순물을 컨트롤할 수 있게 되었기 때문이다. 그래도 반도체의 최고 순도인 10^{-10}에 이르기까지는 아직도 10^4배가 남아 있다. 아마 이런 차이는 앞으로 조금씩 좁혀지리라고 생각된다. 이렇게 하여 얻어진 새로운 정보로부터 순수한 금속에 있어서 극소량의 불순물이 나타내는 재미있는 현상을 하나 들어 보겠다.

팔라듐이라는 금속이 있다. 이것은 사실 조금만 더 상호작용이 강하면 강자성이 될 수 있는 경계에 있는 금속이다. 그런데 예를 들어 철의 원자를 극히 소량만 이것에 불순물로서 집어넣으면, 철 원자 주변은 꽤나 넓고 크게 자기화되어 부분적인 강자성을 만든다. 이것을 거대능률이라고 하는데 팔라듐의 순도가 높아짐에 따라 불순물로서의 철의 컨트롤이 좋아져서 거대능률의 물성을 상당히 알게 되었다.

그러나 불순물과의 투쟁은 이제 막 시작되었을 뿐이다. 10^{-10}, 즉 텐-나인이라고 불리는 최고 순도의 반도체에서도 아직은 $1cm^3$당 10^{10}개 이상의 불순물이 있다. 순수한 물질이라는 이상(理想)을 말한다면 이 숫자는 제로가 되어야 한다. 그런 일은 현재의 기술로서 절대 불가능한 일이지만, 이상은 이상으로서 엄연히 확고부동한 것이다. 100년, 아니 1000년이 걸려서라도 이 이상적 물질에 접근하려는 노력은 계속될 것이다. 거기에 어떤 세계가 펼쳐지고 어떤 용도가 있을지 그것은 알 수 없다. 그러나 모르기 때문에 알려고 노력하는 것이다.

새로운 진공, 새로운 입자

현대 물리학의 중요한 사고방식의 하나로 '장(場)'이라는 것이 있다. 예를 들면 중력장(重力場), 전자기장(電磁氣場)이 있다. 그리고 각각의 장에 대응하여 입자가 존재한다. 물성 물리학의 영역에서는 주로 고체가 취급되는데, 이 고체가 또 여러 가지 장을 제공한다. 그리고 그 장에 수반되는 입자를 가진다.

우선 기본적인 예로서 전자기장을 생각하자. 전자기장에 대응하는 입자는 광자이다. 절대영도의 흑체에 둘러싸인 진공 속에는 광자가 없지만 온도가 올라가면 광자가 생긴다. 이때 진공의 공간은 광자가 존재하는 무대이며 거기가 바로 '장'이고 광자는 배우인 것이다.

우리가 시간과 더불어 정경이 바뀌는 드라마를 볼 때, 무대가 나무로 되어 있거나 페인트가 칠해져 있다는 등의 사실은 일단 의식 밖에 있다. 예를 들면 그 연극이 '베니스의 상인'이라면 그 무대는 샤일록이 계속 지껄여 대는 법정이므로 그것이 곧 '장'이다. 광자의 경우 대표적인 장이 진공인 것이다.

그런데 고체에 있어서는 무엇보다도 물질 자체가 무엇으로써 구성되었느냐에 우리의 중대한 관심이 있다. 그러나 이것은 장의 개념으로 말하면 차라리 일상 경험에 가까운 일이다. 말하자면 무대를 만들고 있는 목재나 페인트 같은 것이다. 그런 재료로 되어 있는 무대라는 것을 충분히 이해하고 난 다음에 그 위에서 일어나는 현상을 보아야 한다. 그것이 현재 물성이론(物性理論)의 큰 흐름이기도 하며 이론물리학적인 용어를 쓰면 '제2양자화의 세계'라는 표현으로 불리는 것이다.

결정이 있다고 하자. 이 결정의 구성은 이미 충분히 보아 왔다. 그 위에서, 마치 광자계에서 진공을 장으로 한 것처럼, 결정 전체를 장이라고 생각한다. 말하자면 진공으로 보는 것이다. 우리는 이런 사고방식을 반도체의 경우에서 조금 살펴보았다.

이 새로운 진공을 절대영도로 만든 다음 점점 온도를 올려 간다. 이 '진공' 속에서는 어떤 입자가 나타날까? 먼저 열진동이 시작될 것이다. 이것은 포논(음향자)이라고 불린다. 포논이란 격자진동을 양자적으로 다루었을 때 나타나는 입자인 동시에 파동이기도 하다. 또 이 결정이 강자성으로서 자기능률을 가졌다고 하자. 이 '진공' 속에 생기는 입자는 마그논(스핀파양자)이

212

다. 이것은 나란히 정렬한 스핀계의 운동을 양자론으로 다루었을 때에 나타나는 스핀운동의 파동이기도 하고, 자기의 입자이기도 하다. 이 경우 물론 포논도 동시에 발생한다. 그러나 만일 서로의 입자가 독립적이라면, 마그논만을 보고 싶은 사람은 포논계(系)를 '진공'에 넣지 않기로 하면 된다.

여기에서 우리는 자연 인식의 한 입장을 볼 수 있다. 무대 장치를 충분히 고찰한 다음 무엇을 볼 것인가 하는 우리의 입장이 확립되면 그 무대, 즉 장에 상응하는 입자가 확정된다. 최근 물성론에 있어서의 중요한 이론적 진보에는 이와 같은 새로운 진공, 새로운 입자가 명쾌한 형태로 부각되었다. 예를 들면 고체 내의 플라스마를 관찰하는 사람에게는 플라스몬, 헬리콘 등의 입자가, 헬륨 II에서는 포논, 로톤 등이, 자성체에는 마그논이 등장하는 등이다.

따라서 장래 물성 물리학 이론의 발전을 위해서는 어떻게 하여 새로운 진공과 새로운 입자를 발견할 것인가 하는 것이 하나의 큰 기본 원리가 되어 있다고 말할 수 있다.

지자기의 일천만 배

다시 실험적 입장으로 되돌아와 보자. 자성 이야기에서 우리는 자기장 개념의 여러 가지 응용을 보아 왔다. 그러나 지금 세계 곳곳에서 진행되고 있는 강자기장의 연구는 이것과는 꽤 단계가 다른 이야기가 된다. 그것은 유효자기장이 아닌 실제의 자기장, 그것도 극히 큰 자기장을 만들어서 모든 연구에 응용하려는 움직임이다.

지자기는 1G(가우스) 이하의 자기장이지만 보통 실험실에서

〈그림 9-1〉 4만 G 강자기장을 발생하는
AVCO사의 세계 최대 초전도자석

철을 이용한 전자석으로는 2~30,000G까지의 자기장이 만들어
진다. 과거 연구, 응용의 양면에 걸쳐 사용된 자기장은 모두 이
한계를 벗어나지 못하였다.

그러나 최근 주로 연구상의 요청으로 더욱 강력한 자기장이
필요하게 되어 새로운 자기장 발생 방법이 여러 가지로 개발되
어 왔다. 초전도체를 도선으로 사용하여 전류를 흘려 10만 G
이상의 자기장을 만드는 방법이 있고, 또 하나는 거대한 전류
를 보통 도체로 만든 코일에 흘려서 그 전류에 의한 자기장을

이용하는 방법이다. 이것에는 정상적인 자기장을 만드는 방법과 펄스적인 자기장을 만드는 방법의 두 가지가 있다. 앞의 것은 이미 25만 G의 자기장을 만드는 데 성공하였다(미국의 국립자석연구소). 이 자기장을 만들기 위한 전력도 대단한 양이다. 예를 들면 10여 년 전에 일본 도호쿠(東北)대학에서 만들어진 10만 G 전자석에 필요한 전력은 당시 그 대학이 소재하는 미야기현 센다이(仙台)시에 필요한 전력의 약 3분의 1이었고, 앞에서 말한 미국의 자석연구소에서는 전자석을 냉각하기 위하여 가까운 찰스강의 물을 끌어들였더니 방출된 물의 열이 강의 수온을 1℃나 상승시켰을 정도였다고 한다.

한편 펄스자기장이란 약 1/1000~1/100초 정도 사이에 순간적으로 극히 센 자기장을 만들려는 것으로 이 방법으로 수십만 G의 자기장이 쉽게 만들어진다. 이와 같은 큰 자기장을 만들면 코일에 매우 큰 힘이 가하여지므로 아무리 단단한 금속으로 만들어도 100만 G를 내면 반드시 파괴되고 만다. 이때 부수어지기 직전에 힘의 반대 방향으로부터 화약을 폭발시켜 그 강력한 힘으로 일시적으로 코일을 안정시키려는 놀라운 시도가 최근 이탈리아에서 성공하였다. 대단히 난폭한 아이디어이다. 물론 코일은 단번에 조각조각으로 박살이 난다. 그러나 다만 100만 분의 1초 정도만이라도 큰 자기장이 생긴다면 그것을 이용할 수 있지 않을까 하는 생각이며, 현재 이 방법으로 약 1000만 G의 자기장이 얻어지고 있다.*

이렇게 엄청나게 센 자기장 속에서 물질은 도대체 어떤 모습

---

* 역자 주: 현재 일본 도호쿠대학에서도 이 폭축(爆縮) 방법으로 1000만 G 이상을 얻고 있으며, 불행히도 몇 년 전 한 연구원이 폭사한 일도 있다.

을 나타낼까? 이것은 아직 거의 알려지지 못한 것으로 앞으로
의 연구 과제이다.

절대영도에의 도전

오너스에 의하여 개척된 극저온의 세계는 헬륨II, 초전도 등
의 실로 많은 성과를 거두었다. 그것들은 그의 노력에 충분히
보답한 것이라고 할 수 있다.

그러나 무언가 더 추구할 것이 있지 않을까 하고 저온물리학
자는 다시 생각한다. 우리가 온도라는 인식 대상을 가지는 한
그 극한을 추구하는 노력을 중지할 수는 없다. 오너스가 갈망
하던 헬륨 기체도 액화되었으므로 그의 목표는 일단 달성되었
다고 말할 수 있을 것이다(헬륨을 고체로 만드는 것은 뒷날에 가서
야 고압하에서만 이루어질 수 있다는 것을 알았다). 그러나 절대영
도에 무한히 접근하려는 노력은 그 자체가 자연에 대한 인간
지식의 전개이고, 다름아닌 학문의 목적이다.

액체헬륨을 펌프로 끌어서 1°K에 도달한 후 약 20년 뒤에,
미국의 지오크와 디바이는 아주 독창적인 방법을 고안하여 단
번에 0.001°K까지의 극저온을 만드는 데 성공하였다. 그것은
상자성 스핀을 응용하는 방법으로 단열소자법(斷熱消磁法)이라는
어려운 이름이 붙여져 있다. 그 요점을 말하면 다음과 같다.

상자성 스핀을 포함한 물질을 먼저 액체헬륨에 담가 1°K 전
후로 하여 둔다. 이것에 강한 자기장을 걸면 스핀은 모두 자기
장 방향으로 배열된다. 마치 강자성이 된 상태와 같다. 그러나
결코 강자성이 되는 것은 아니다. 그러므로 자기장을 제거하면
스핀은 다시 뿔뿔이 제각기의 방향을 취한다.

216

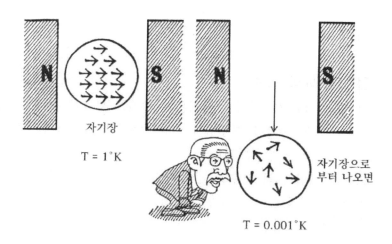

〈그림 9-2〉 지오크와 디바이의 단열소자법

이때에 재미있는 일이 일어난다. 자기장 속에서 스핀이 배열된 상태의 엔트로피를 생각하면 「고전입자의 딜레마」(6장)에서 본 것처럼 스핀은 모두 한 방향을 향하고, 다른 가능성이 없기 때문에 엔트로피는 제로가 된다. 다음으로 자기장을 없애면 이번에는 스핀의 방향이 뿔뿔이 흩어져 스핀이 취할 수 있는 방향에 많은 가능성이 생긴다. 따라서 그 순간에 엔트로피가 증가하게 되는 것이다.

바깥으로부터 열의 출입을 끊은 상태(단열 상태)에서는 엔트로피가 증가하면 온도가 내려간다. 이것은 통계역학으로부터 나오는 지극히 일반적인 성질이다. 그래서 스핀계를 단열 상태로 두고 자기장을 없애 버리면 이 상자성체의 온도는 매우 낮아진다. 얻어진 저온은 약 1/1000°K이다. 이것은 미국의 디바이와 지오크가 1926년에 각각 독립적으로 생각한 방법이다. 오너스가 도달한 1°K로부터 약 세 자리나 한꺼번에 내릴 수 있게 되었다.

원자핵스핀을 가지고 같은 일을 해 보려고 한 사람이 영국의 사이온과 카티이다. 1956년, 그들은 이것에 성공하였다. 도달온도는 0.000016°K. 상상도 못 할 극저온이었다. 이것은 10^{-6}도, 즉 마이크로(μ) 온도의 일보 직전이었다고 할 수 있다. 이것이 현재의 최고(?) 기록이다.

그러나 원리적으로 말하면, 더욱 밀리마이크로, 피코마이크로온도……라는 세계도 있다는 것이다. 우리는 아직 이런 세계를 전혀 알지 못한다. 어떻게 하여 도달할 수 있을지 그 방법조차 아직 알려지지 않았지만, 그런 세계는 확실히 존재할 것이다.

초고압의 세계

이야기가 확 달라진다. 이번에는 극히 높은 압력 아래에서는 물질이 어떻게 되느냐는 문제이다.

압력을 가하면 물질의 성질이 변한다는 것은 옛날부터 알려진 사실이다. 예를 들면 스케이트가 그렇게 잘 미끄러지는 것은 스케이트의 날에 의한 압력으로 얼음이 조금 녹아 그것이 윤활유의 역할을 하기 때문인 것이다. 즉 얼음의 압력을 높이면 빙점이 내려간다.

극저온의 이야기에서 압력을 낮추면 액체헬륨의 비등점이 4.2°K에서 약 1°K까지 내려간 것도 물질의 상태에 대한 압력의 효과이다. 이 헬륨은 0°K에서는 헬륨II의 상태로 있지만 약 25기압 아래에서는 고체로 변한다는 것이 알려져 있다.

단편적으로 알려졌던 압력효과를 비약적으로 발전시킨 개척자가 노벨상을 받은 미국의 브리지먼이다. 그는 몇 해 전 암에 걸린 것을 알고 권총 자살을 하였는데, 선각자다운 고고(孤高)한 인물이었다.

그는 콜럼버스의 달걀이라고 할 만한 매우 간단하지만 중요한 기술적 개혁을 이룩하여 수천~수만 기압이라는 거대한 압력을 만드는 데 성공하였다. 이 압력 아래에서 물질은, 현재도 아직 그 실마리밖에 잡지 못한 지극히 다양한 변화를 나타낸다는 것이 발견되었다. 최근의 예로는 실리콘이나 저마늄 등을 고압 아래에 두면 금속이 되어 버린다는 놀라운 발견도 있다.

일반적으로 잘 알려진 예는 다이아몬드의 이야기일 것이다. 탄소는 보통 압력과 온도 아래서는 다이아몬드와는 닮지 않은 다른 모습을 하고 있다. 즉 탄소는 그래파이트(흑연) 구조가 안정한 물질상태이지만 고압, 고온 아래에서는 다이아몬드 구조가 안정하게 된다. 그러나 이것을 실현하기 위한 고온, 고압은 현재도 매우 만들기 어렵다. 인공적인 다이아몬드는 현재 극히 작은 공업용만이 만들어지고 있다.

흔히 말하기는 "인공 다이아몬드가 크게 만들어진다면 다이아몬드의 국제가격을 유지하고 있는 신디케이트 패들에게 살해당할걸"하고 고압 연구자들을 놀려 대지만, 그러나 그들에게는 다이아몬드를 만들 수 있을 정도의 안정된 고압의 실현은 하나의 꿈이기도 하다. 많은 개척자들이 지금 이 시간에도 노력을 거듭하고 있다. 고압 아래서의 물성 연구가 발전한다는 것은 지구나 다른 별의 내부 구조 연구와도 관계된다. 지구의 내부는 말할 것도 없이 고압이 지배하고 있다. 거기서 실제로 일어나고 있는 조암 작용(造岩作用)의 해명에는 고압의 인공적 실현이 무엇보다도 필요하다.

펄스 강자기장의 발생과 비슷한 아이디어가 고압에도 있다. 짧은 단 한 순간이라도 좋으므로 초고압을 만들고, 그 아래에서 각종 물성을 조사하려고 시도하고 있다. 이를 위하여 다시 화약이 등장한다. 그 폭발 시의 충격파를 이용하여 마이크로 (10^{-6})초 정도의 단시간이라도 수백만 기압을 실현하려는 것이다. 이 방법으로 실현될 압력은 지구 중심부의 압력을 넘을 정도일 것으로 기대된다. 그러나 실제로 물질의 성질을 측정할 수 있는 정도에는 아직 이르지 못하고 있다. 그러려면 상당한 세월이 필요할 것이다.

영원한 탐구

그러나 우주에는 더 거대한 압력이 있다. 백색왜성(白色矮星)이라는 별은 하늘에서 가장 밝은 항성으로 큰개자리 시리우스의 동반성(同伴星)이 가장 유명하다. 이것은 지극히 약한 빛을 내는 별이지만, 거기서는 거대한 중력에 견디다 못하여 별 자체가 찌그러져 초고밀도 상태로 되어 있다고 한다. 간단히 말하면 이 별에서는 이미 원자핵 주위에 있는 전자의 궤도조차 파괴되어 버려서 핵과 전자가 빽빽하게 채워져 있다. 이 때문에 지구상에서는 1㎤당 물질의 질량(즉 밀도)이 g(그램) 단위인데 같은 부피의 물질이 그 별에서는 100㎏ 단위가 될 정도의 극단적인 세계이다.

현재의 우리 지식으로는 이런 고압, 고밀도의 실현은 꿈 중의 꿈이다. 그러나 이와 같은 세계도 엄연히 실존하고 있다. 물성 연구자의 눈은 몰래 이것도 주시하고 있다. 물성 물리학자

〈그림 9-3〉 사상 최초의 인공 다이아몬드를 만들어 낸 제너럴
일렉트릭사의 초고압 실험 장치(USIS)

는 백색왜성이 존재한다는 것만으로 만족하지 못한다. 그 성분과 조건을 바꾸어서 일어나는 모든 현상을 모조리 알아내지 않으면, 아직도 '알았다'고는 말할 수 없다.

마이크로의 세계를 계속 추궁해 나가면 그 종말에는 거대하고도 거대한 우주 끝에 잠겨 있는 수수께끼에 도달하거나 그 반대 과정도 밟을 수 있을 것이다. 이것이 물리학의 자연적인 흐름이기도 하다. 마이크로한 세계에 매크로한 수수께끼를 항상 이중으로 겹쳐서 생각하고 진행한다. 그것이 곧 물리학자이다.

역자 후기

현대는 모든 산업의 두 근간인 에너지와 자원의 확보 및 개발을 위한 국제 경쟁 시대이다. 불행히도 우리나라는 이들이 모두 넉넉하지 못하여 각종 산업의 육성에 큰 애로를 겪고 있다. 그러나 자원은, 그 경제와 응용 기술의 개발을 통하여 의외의 용도를 개척함으로써 그 부가가치를 증대시킬 수 있는 장점이 있으므로, 일반적으로 에너지원이 빈약한 나라에서는 부존자원의 개발과 활용 연구에 전력을 다하고 있다. 특히 우리나라는 그동안 중화학, 전자공업의 육성으로 무엇보다 소재(素材)의 개발이 급격히 요청되고 있으며, 또한 이를 해결해야만 우리나라의 산업이 외국 기술에서 독립할 수 있을 것이다. 이의 밑바탕이 되는 학문이 본서의 표제인 물성 물리학인 것이다.

현대 물리학의 2대 주류는 그 연구 대상에 따라 소립자론과 물성론으로 크게 나누어지는데, 후자의 물성 물리학은 구체적 물질의 구조와 그 특성을 연구하는 학문으로서, 순수학문으로서의 의의는 말할 것도 없고 이를 이용한 응용 분야는 재료공학, 전자공학, 기계공학 등 실로 다양하고 광범위하여 각종 산업과 직결되어 있다. 또한 연구개발 비용이 소립자물리학의 경우보다 훨씬 저렴하므로, 한국과 같은 중진국으로서도 그 어느 한 분야를 중점적으로 연구개발하면 쉽게 세계적 수준에 도달할 수 있을 것이다.

역자는 재료의 물성을 강의하면서 이런 생각을 평소 지니고 있었던바 마침 전파과학사의 소개로 본서를 대하니, 그 평이하

고 유머러스한 문장에 매혹되어 이를 우리말로 널리 소개하고
싶어서 번역을 하기로 하였다. 현대 물성론의 핵심적 개념에
대해 우리 일상생활의 예를 비유로 들어 이 방면을 처음 대하
는 일반 독자나 학생들에게 깊은 감명을 줄 것이다. 딱딱하고
어렵기로 악명 높은 물리학도 이렇게 재미있게 설명할 수 있다
는 것을 보인 저자의 해박한 지식과 학문의 발전을 관조하는
자세에 깊이 머리가 숙여진다.

　본서를 번역함에 있어서 역자의 얕은 학식으로 저자의 원래
의도에 어긋남이 있지 않을까 두렵다. 다만, 이 작은 역서가 우
리나라의 물성 물리학과 각 산업 분야의 발전에 기여할 젊은
학도들이 나타날 수 있는 계기가 되었으면 더 이상 바랄 것이
없겠다.

　끝으로 본서의 번역 기회를 주신 전파과학사 여러분께 심심
한 감사를 드린다.

물성 물리학의 세계

파동, 입자의 딜레마에서 극저온의 수수께끼까지

초판 1쇄 1980년 08월 10일
개정 1쇄 2018년 12월 10일

지은이 다데 무네유키
옮긴이 김태옥
펴낸이 손영일
펴낸곳 전파과학사
주소 서울시 서대문구 증가로 18, 204호
등록 1956. 7. 23. 등록 제10-89호
전화 (02)333-8877(8855)
FAX (02)334-8092
홈페이지 www.s-wave.co.kr
E-mail chonpa2@hanmail.net
공식블로그 http://blog.naver.com/siencia

ISBN 978-89-7044-851-0 (03420)
파본은 구입처에서 교환해 드립니다.
정가는 커버에 표시되어 있습니다.

도서목록
현대과학신서

도서목록
BLUE BACKS